葉っぱで気になる木がわかる

―― Q&Aで見分ける 350種 樹木鑑定 ――

人気の樹木鑑定Webサイト
「このきなんのき」所長

林　将之 著

目次

- 木はどうやって見分ける？ ……………………… 4
- 葉っぱの調べ方 …………………………………… 4
- 葉っぱをグループに分類 ………………………… 6
- 葉っぱ検索表 ……………………………………… 8
- 本書の制作にあたって …………………………… 10
- 凡例 ………………………………………………… 11

※質問文・コラムの表題を短縮して記載。【】内は回答樹木

街の中でよく見る木

- 早春に咲く白い花の街路樹は？ ………………… 12
  【コブシ】〜コブシやモクレンの仲間
- 花見のサクラは全部ソメイヨシノ？ …………… 14
  【ソメイヨシノ】〜代表的なサクラの仲間
- ヒラヒラ白い花びら4枚の街路樹は？ ………… 16
  【ハナミズキ】〜ハナミズキとヤマボウシ
- おうぎ形に枝を広げた街路樹は？ ……………… 18
  【ケヤキ】〜樹形で見分けられる並木
- 羽のように長い葉は？ …………………………… 20
  【シンジュ】〜シンジュとカラスザンショウ
- 道路の植え込みのツツジは？ …………………… 22
  【ヒラドツツジ】〜園芸用のツツジ類
- 小さな白花で樹皮が縦に裂けた街路樹は？ …… 24
  【エンジュ】〜エンジュと名のつく木
- 公園のかわいいハート形の葉っぱは？ ………… 26
  【カツラ】〜ハート形の葉っぱ
- 葉が細長くてこんもりした樹形の木は？ ……… 28
  【ヤマモモ】〜細長い葉の街路樹
- ビルより大きい立派な大木は？ ………………… 30
  【クスノキ】〜街路樹に使われる常緑樹
- 3つに裂けた葉の街路樹は？ …………………… 32
  【トウカエデ】〜3裂する葉の街路樹3種
- きれいな三角形の大木は？ ……………………… 34
  【ヒマラヤスギ】〜街中で見る三角形の木
- 赤い実をたくさんつけた街路樹は？ …………… 36
  【クロガネモチ】〜赤い実のなる常緑高木
- 赤やオレンジに紅葉した並木は？ ……………… 38
  【モミジバフウ】〜モミジバフウとモミジ
- 冬に白い花のような実をつけた木は？ ………… 40
  【ナンキンハゼ】〜冬に咲くサクラ類
- いびつな形で樹皮がまだらの街路樹は？ ……… 42
  【プラタナス】〜大きな葉の街路樹
- 垣根に咲いた赤い花はツバキ？サザンカ？ … 44
  【カンツバキ】〜ツバキとサザンカの違い

庭でよく見る木

- ウメ、モモ、スモモ、サクラの花の見分け方は？ 46
  【ウメ・モモ・スモモ】
- たくさんの細い幹と小さな葉の庭木は？ …… 48
  【ナンテン】〜縁起木として植えられる庭木
- まっ赤な葉の生垣は？ …………………………… 50
  【レッドロビン】〜カラフルな生垣
- 春なのにまっ赤に紅葉した木は？ ……………… 52
  【ノムラモミジ】〜春にまっ赤になる木
- 丸く刈り込まれた木は？ ………………………… 54
  【キャラボク】〜きれいに刈り込まれる低木
- 植え込みの黄色い花は？ ………………………… 56
  【ヒペリクム ヒドコート】〜黄色い花の木
- オシャレな店先にあった葉が細かい木は？ … 58
  【シマトネリコ】〜大ブームの庭木
- 葉が枝先に集まった生垣は？ …………………… 60
  【シャリンバイ】〜車輪状につく葉
- 盆栽のような樹形の庭木は？ …………………… 62
  【イヌマキ】〜盆栽風に仕立てられた庭木
- 真夏にきれいな花が目立つ木は？ ……………… 64
  【ムクゲ】〜真夏に咲く花木
- いい花の香りがただよう木は？ ………………… 66
  【キンモクセイ・ジンチョウゲ・クチナシ】
- 庭に生えてきた大きな葉の木は？ ……………… 68
  【アカメガシワ】〜大きな葉の幼木
- 赤い紅葉がきれいな低木は？ …………………… 70
  【ブルーベリー】〜今時のガーデンで見る木
- 3つに裂ける葉と裂けない葉がある木は？ … 72
  【カクレミノ】〜きれいに3つに裂ける葉
- 細長い葉でトゲのある木は？ …………………… 74
  【ピラカンサ】〜定番の庭木の葉っぱ
- 青白い葉がびっしりついた木は？ ……………… 76
  【ギンヨウアカシア】〜春を告げるアカシア
- 黄緑色のとがった木は？ ………………………… 78
  【ゴールドクレスト】〜コニファーの仲間

暖かい林でよく見る木

- キノコが生えたような若葉は？ ………………… 80
  【シロダモ】〜いろんな色がある若葉
- スギ林に生えた大きなツヤツヤの葉は？ …… 82
  【アオキ】〜大きな葉の常緑樹
- 縦方向のすじがくっきり目立つ葉は？ ………… 84
  【ヤブニッケイ】〜暖かい海辺の林に多い木
- 神様や仏様にお供えする葉は？ ………………… 86
  【サカキ・シキミ】〜神事・仏事に使う葉
- 裏山に生えたトゲトゲの葉っぱは？ …………… 88
  【ヒイラギナンテン】〜トゲトゲの葉っぱ
- モコモコした金色の木は？ ……………………… 90
  【シイノキ】〜スダジイとツブラジイ
- 山の中に生えた柿の葉に似た木は？ …………… 92
  【カキノキ】〜カキの葉に似た葉
- 枝から根が垂れ下がった沖縄の木は？ ………… 94
  【ガジュマル】〜沖縄で見られる亜熱帯の木

森の中で出あったまだら模様の幹は？……… 96
　【カゴノキ】～暖かい林で見るまだらの幹
のっぺりして黒く汚れた葉は？……………… 98
　【モチノキ】～モチノキとネズミモチ
ふちが波打った葉の小さな木は？………… 100
　【マンリョウ】～万両・千両・百両・十両・一両
幹がざらついた大きな丸い木は？………… 102
　【エノキ】～大きな丸い樹形の木
山で見かけるギザギザした葉の常緑樹は？ 104
　【アラカシ】～常緑樹林の代表・カシの仲間
幹にトゲのようなイボイボがある木は？… 106
　【カラスザンショウ】～幹にトゲがある木

やや暖かい林でよく見る木

スギとヒノキを樹形で見分けられる？…… 108
　【スギ・ヒノキ】～花粉症で注目される木
雑木林に咲いた赤い若葉のサクラは？…… 110
　【ヤマザクラ】～山に生えるサクラの仲間
春に黄色い花をぶら下げる木は？………… 112
　【キブシ】～早春に咲く黄色い花
若葉に紫色のすじが入った低木は？……… 114
　【ムラサキシキブ】～秋に目立つ実の色
小さな黄緑色の花をつけた木は？………… 116
　【ニシキギ】～緑色の枝
ギザギザしてつやが目立つ葉は？………… 118
　【ミヤマガマズミ】～ガマズミの仲間
ウツギと名のつく木の見分け方は？……… 120
　【ウツギ類】～ウツギと名のつく木
白い花が何層も重なった木は？…………… 122
　【ミズキ】～ミズキとクマノミズキ
林の中でからみ合った太いつるは？……… 124
　【フジ】～身近な雑木林で見られるつる
食べられる木の実を教えて………………… 126
　【キイチゴ・グミ・アケビなど】
河原や中州によく生えている木は？……… 128
　【ヤナギ類】～河原でよく見られるヤナギ
変な匂いがする木は？……………………… 130
　【コクサギ】～いろいろな匂いのする葉
ウルシに似た葉の木は？…………………… 132
　【ヌルデ】～はね形の葉をもつ木
ふつう形の葉？　それともはね形？……… 134
　【ニガキ】～薬になる木
カブトムシの来る樹液が出る木は？……… 136
　【クヌギ・コナラ】～雑木林の代表種
赤い玉がついた葉っぱは？………………… 138
　【アベマキ】～木につくこぶのいろいろ
あまり特徴のない葉っぱは？……………… 140
　【エゴノキ】～エゴノキに似た葉っぱ
おもしろい形の切れ込みがある葉は？…… 142
　【ヤマグワ】～変化するクワやコウゾの葉

覚えておきたい、かぶれる木は？………… 144
　【ウルシ類・ハゼノキ類・ツタウルシ】
雑木林にあるしましまの幹は？…………… 146
　【イヌシデ】～シデの仲間の幹と葉
茂みにあったトゲトゲの木は？…………… 148
　【メギ】～ヤブで引っかかりやすいトゲ
秋なのに花が咲いている木は？…………… 150
　【モチツツジ】～野生のツツジ類
ギザギザした葉の木の赤ちゃんは？……… 152
　【コナラ】～いろいろなドングリ
海岸に生えた格好いいマツは何マツ？…… 154
　【クロマツ】～黒松と赤松
冬の山歩きで見た赤い枝は？……………… 156
　【ネジキ】～冬芽を観察してみよう
松笠状の実とイモ虫みたいな花は？……… 158
　【オオバヤシャブシ】～ヤシャブシとハンノキ

寒い林でよく見る木

山菜になる木と注意点は？………………… 160
　【タラノキ】～山菜になるウコギ科の木
アジサイに似た白い花は？………………… 162
　【ヤブデマリ】～山に咲くアジサイ似の花
沢を覆うように生えていた木は？………… 164
　【フサザクラ】～丸い葉・大きな葉
きれいな葉とまだら模様の幹は？………… 166
　【ブナ】～寒い林の主役・ブナとミズナラ
シラカバに似たオレンジ色っぽい幹は？… 168
　【ダケカンバ】～白くて横すじがある幹
河原に何本も生えている木は？…………… 170
　【オニグルミ】～クルミ類の実
長さ40cmもある大きな葉は？…………… 172
　【ホオノキ】～ホオノキとトチノキ
幹に傷がある白花の木は？………………… 174
　【リョウブ】～サルスベリに似た樹皮
北海道で見た、赤い実の木は？…………… 176
　【ナナカマド】～北海道でよく見られる木
神社にあったギザギザの葉の大木は？…… 178
　【ハルニレ】～エルムの木で知られるニレ
カエデとモミジはどう違う？……………… 180
　【イロハモミジ・オオモミジ】～カエデの仲間
緑色っぽい幹は？…………………………… 182
　【ウリハダカエデ】～緑色の幹
尾根に並んだ黄色い木は？………………… 184
　【カラマツ】～高山トレッキングで見る針葉樹
クリスマスツリーに使われる木は？……… 186
　【モミ類・トウヒ類】～クリスマスツリー3種

さくいん……………………………………… 188
参考文献……………………………………… 192

木はどうやって見分ける？

樹木の観察ポイントは、**花、実、葉、樹皮、樹形、冬芽**の主に6つがあります。分類上、最も重要な見分けポイントは**花**と**実**ですが、花や実がつくのは一時期のみで、幼い木や生育条件の悪い木では、何年もつけないことも多いのが難点です。それにくらべると**葉**は、樹齢や生育条件を問わず長い期間観察でき、葉だけでもほぼ全ての木を見分けることができます。落葉樹の葉が落ちる冬は、枝についた小さな**冬芽**や、落ち葉が重要な見分けポイントになります。**樹皮**や**樹形**は、最も観察しやすいポイントですが、個体差や環境差、樹齢による差が大きく、それだけで確実に見分けられるのは一部の樹木のみです。以上のことから、フィールドで樹木を見分けるには、葉を中心に覚えることが最も実用的といえます。

葉っぱの調べ方

葉で樹木を見分けるには、まず以下の4項目を確認します。専門用語は**太字**や緑字で記しましたが、本書ではなるべく〈 〉内の簡易的な呼び名を用いています。

① 葉の形

面状の葉をもつ**広葉樹**で5種類、針状やうろこ状の葉をもつ**針葉樹**で2種類に大きく分けられます。

※イチョウは例外でおうぎ形

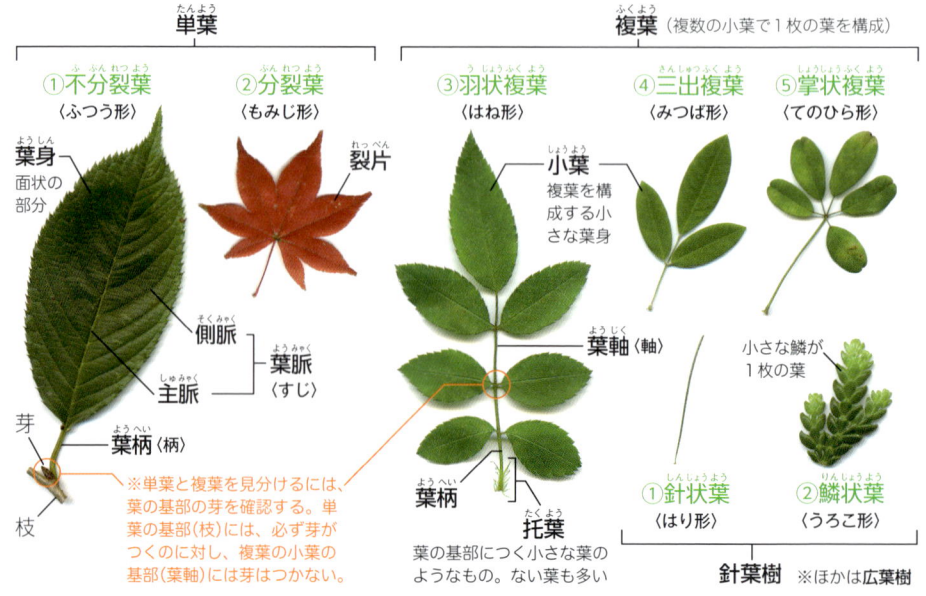

2　ふちの様子

葉のふちに、ギザギザ(鋸歯)があるかないかを確認します。ギザギザがあるふちを鋸歯縁、ないふちを全縁といいます。

※針葉樹では確認する必要はありません

3　落葉樹か常緑樹か

冬に葉を落とす落葉樹と、一年中葉をつけている常緑樹があり、葉の色、つや、厚さなどで見分けられます。

4　葉のつき方

葉が枝に交互につく(互生)か、対につく(対生)かを確認します。枝先に集まってついている場合も、どちらかに区別できます。針葉樹の場合は、束状やらせん状につくか、羽状につくかを確認します。

・・・・・・・・・・・・・・・・・・・・・・・・・・・

以上の4項目を調べることで、葉を大きくグループ分けすることができます。例えば右写真の木の場合、①葉の形は切れ込みがあるので「もみじ形」、②ふちには細かい「ギザギザ」があり、③色が明るくてつやも弱いので「落葉樹」、④葉のつき方は「交互」についていることがわかります。これを8〜9ページの検索表でたどると、候補種とその掲載ページが載っているので、本文を見て同じ葉を探してみて下さい。

ヒメコウゾ

※生物の名前を分類学的に見分けて決定することを同定といいますが、本書では鑑定という言葉を使っています。同定は、可能な限り多くの情報を集めて正確な答えを出すのに対し、本書でいう樹木鑑定とは、限られた情報から推測的な答えを出すことを指しています。

葉っぱを
グループに分類

①葉の形、②ふちの様子、③落葉樹か常緑樹か、④葉のつき方、の4項目の組み合わせによって、葉をA～Wにグループ分けします。種数は本書掲載種数を示します。

 105種

葉の形…ふつう形
ふち……ギザギザ
落・常…落葉樹

A1…交互につく
A2…対につく

B 42種

葉の形…ふつう形
ふち……ギザギザ
落・常…常緑樹

B1…交互につく
B2…対につく

 43種

葉の形…ふつう形
ふち……なめらか
落・常…落葉樹

C1…交互につく
C2…対につく

D 56種

葉の形…ふつう形
ふち……なめらか
落・常…常緑樹

D1…交互につく
D2…対につく

 22種

葉の形…もみじ形
ふち……ギザギザ
落・常…落葉樹

E1…交互につく
E2…対につく

 1種

葉の形…もみじ形
ふち……ギザギザ
落・常…常緑樹

F…交互につく

 8種

葉の形…もみじ形
ふち……なめらか
落・常…落葉樹

G1…交互につく
G2…対につく

 3種

葉の形…もみじ形
ふち……なめらか
落・常…常緑樹

H…交互につく

I 5種	J 4種	K 3種	L 1種	M 1種
葉の形…みつば形 ふち……ギザギザ 落・常…落葉樹	葉の形…みつば形 ふち……なめらか 落・常…落葉樹	葉の形…てのひら形 ふち……ギザギザ 落・常…落葉樹	葉の形…てのひら形 ふち……なめらか 落・常…落葉樹	葉の形…てのひら形 ふち……なめらか 落・常…常緑樹

I1…交互につく　I2…対につく　　J1…交互につく　J2…対につく　　K1…交互につく　K2…対につく　　L…交互につく　　M…交互につく

N 23種	O 1種	P 12種	Q 5種
葉の形…はね形 ふち……ギザギザ 落・常…落葉樹	葉の形…はね形 ふち……ギザギザ 落・常…常緑樹	葉の形…はね形 ふち……なめらか 落・常…落葉樹	葉の形…はね形 ふち……なめらか 落・常…常緑樹

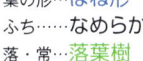

N1…交互につく　N2…対につく　　O1…交互につく　O2…対につく　　P1…交互につく　P2…対につく　　Q1…交互につく　Q2…対につく

R 1種	S 1種	T 9種	U 11種	V 9種
葉の形…はり形 落・常…落葉樹 つき方…はね状	葉の形…はり形 落・常…落葉樹 つき方…たば状	葉の形…はり形 落・常…常緑樹 つき方…はね状	葉の形…はり形 落・常…常緑樹 つき方…たば状	葉の形…うろこ形 落・常…常緑樹

 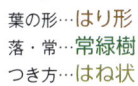   

W 1種
葉の形…おうぎ形
落・常…落葉樹
つき方…交互

葉っぱ検索表

①葉の形、②ふちの様子、③落葉樹か常緑樹か、④葉のつき方、の4項目を調べることで、候補種と掲載ページを検索できます。グループ名は本文にマークで表示しています。

葉の形	ふち	落・常	つき方	グループ	樹木名（掲載ページ）
ふつう形	ギザギザ	落葉	交互	A1	アオハダ・ウメモドキ(141)、イイギリ(69)、イソノキ(115)、ウメ・モモ類(46-47)、ウラジロノキ(165)、エゴノキ(140-141)、エノキ・ムクノキ(102-103)、オオバアサガラ(165)、オオベニガシワ(53)、カシワ(49)、カバノキ類(168-169)、カマツカ(141)、キブシ(112)、クヌギ・アベマキ(136-138)、クリ(153)、クワ・コウゾ類(142-143)、ケヤキ(18)、コナラ(136-137,152)、サクラ類(14-15,110-111)、サワフタギ(141)、シデ類(146-147)、シナノキ類(27)、ジューンベリー(71)、チシャノキ(93)、ツノハシバミ(81)、ドウダンツツジ(23)、トサミズキ(113)、ナツツバキ類(175)、ナツハゼ(141)、ナツメ(135)、ニレ類(178-179)、バイカツツジ(151)、ハクウンボク(165)、ハナイカダ(139)、フサザクラ(164)、ボケ(75)、ポプラ(19)、マンサク(113)、ミズナラ(167)、ムクゲ(64)、ヤシャブシ・ハンノキ類(158-159)、ヤナギ類(19,128-129)、ヤマブキ(117)、ユキヤナギ(75)、リキュウバイ(71)、リョウブ(174)
			対	A2	アジサイ類(75,163)、イヌコリヤナギ(129)、ウツギ類(120-121)、カツラ(26)、ガマズミ類(118-119)、クサギ△(69,131)、ゴマギ(131)、チドリノキ(181)、ニシキギ類(116-117)、ムラサキシキブ(114)、ヤブデマリ・ムシカリ(162-163)、レンギョウ(57)、ツルアジサイ(163)
		常緑	交互	B1	アセビ(81)、イヌツゲ(55)、ウバメガシ(61)、カシ類(104-105)、カナメモチ類(50)、クロキ(85)、シイノキ(90-91)、シャシャンボ(127)、シャリンバイ(60-61)、ダイダイ(49)、タラヨウ(83)、チャノキ(81)、ツバキ類(44-45)、ナナミノキ(37)、ハイノキ(59)、バクチノキ(97)、ヒイラギモチ類(89)、ヒサカキ(87)、ピラカンサ(74)、ビワ(83)、ホルトノキ(29)、マンリョウ・ヤブコウジ類(100-101)、モチノキ△(98-99)、ヤマモモ(28)、ビナンカズラ(125)
			対	B2	アオキ(82)、アベリア(55)、キンモクセイ(67)、サンゴジュ(37,83)、センリョウ(101)、タイワンレンギョウ(95)、ヒイラギ類(89)、マサキ(51)、ヤブコウジ(101)
	なめらか	落葉	交互	C1	アカメガシワ(68-69)、アブラチャン(113)、イヌビワ(93)、カキノキ(92-93)、クロモジ(117)、コクサギ(130)、コブシ類(12-13)、サルスベリ類(97,175)、シラキ(93)、ツツジ類(150-151)、ナツグミ(127)、ナンキンハゼ(40-41)、ネジキ(156)、ハナズオウ(27)、ブナ類(166-167)、ブルーベリー(70)、ホオノキ(172-173)、ミズキ(122-123)、メギ(148)、モクレン類(13)、リキュウバイ(71)、サルトリイバラ(149)
			対	C2	イボタノキ(115)、ウグイスカグラ(127)、キリ(69)、クサギ(69,131)、クマノミズキ(123)、ザクロ(49)、サルスベリ類(97,175)、サンシュユ(113)、ハナミズキ・ヤマボウシ(16-17)、ライラック(177)、ロウバイ(57)、ヘクソカズラ(131)
		常緑	交互	D1	アカガシ(97,105)、イスノキ(139)、オガタマノキ(87)、カゴノキ(96)、ガジュマル(94)、カクレミノ(72-73)、クスノキ(30)、クロガネモチ・ソヨゴ(36-37)、ゲッケイジュ(131)、サカキ(87)、シイノキ(90-91)、シキミ(87)、シャリンバイ△(60-61)、シロダモ(37,80)、ジンチョウゲ(67)、タイサンボク(83)、タブノキ(31,81)、タチバナモドキ(74)、ダイダイ(49)、ツツジ類(22-23)、トベラ(61)、ナワシログミ(85)、ニッケイ類(84)、ヒイラギモチ類(89)、ベニバナトキワマンサク(51)、マテバシイ(31)、ミヤマシキミ(115)、モチノキ(98)、モッコク(61)、ヤマモモ(28)、ユズリハ類(49,85)、キヅタ(125)
			対	D2	アリドオシ(101)、オリーブ(77)、キョウチクトウ(65)、キンシバイ類(56-57)、キンモクセイ(67)、クチナシ(67)、サンゴジュ△(37,83)、シルバープリベット(77)、ツゲ(55)、ナギ(97)、ニッケイ類(84)、ネズミモチ(98)、ヒイラギ類(89)、ローズマリー(71)、テイカカズラ(125)

葉の形	ふち	落・常	つき方	グループ	樹木名（掲載ページ）
もみじ形	ギザギザ	落葉	交互	E1	アカメガシワ△(68-69)、オヒョウ(179)、クワ・コウゾ類(142-143)、コゴメウツギ(121)、ハリギリ(107,161)、フウ(33)、プラタナス(42)、モミジイチゴ(127)、モミジバフウ(38)、ムクゲ・フヨウ(64-65)、ツタ(125)、ヤマブドウ(27)
もみじ形	ギザギザ	落葉	対	E2	イロハモミジ類(39,180)、ウリハダカエデ・ウリカエデ(182-183)、カジカエデ(181)、カンボク(73)、キリ(69)、トウカエデ△(32-33)、ノムラモミジ(52)、ハウチワカエデ類(181)、ハナノキ(33)
もみじ形	ギザギザ	常緑	交互	F	ヤツデ(83)
もみじ形	なめらか	落葉	交互	G1	アオギリ(183)、アカメガシワ(68-69)、ダンコウバイ・シロモジ(73)、ユリノキ(43)
もみじ形	なめらか	落葉	対	G2	イタヤカエデ(181)、キリ(69)、トウカエデ(32-33)
もみじ形	なめらか	常緑	交互	H	カクレミノ(72-73)、キヅタ(125)
みつば形	ギザギザ	落葉	交互	I1	クサイチゴ(149)、タカノツメ(157)、ツタ△(125)、ツタウルシ(144-145)、ミツバアケビ(125)
みつば形	ギザギザ	落葉	対	I2	メグスリノキ(135)
みつば形	なめらか	落葉	交互	J1	ハギ(75)、クズ(157)、ツタウルシ(144-145)、ミツバアケビ△(125)
みつば形	なめらか	落葉	対	J2	オウバイ(57)
てのひら形	ギザギザ	落葉	交互	K1	コシアブラ(161)、ヤマウコギ(161)
てのひら形	ギザギザ	落葉	対	K2	トチノキ(173)
てのひら形	なめらか	落葉	交互	L	アケビ(125)
てのひら形	なめらか	常緑	交互	M	ムベ(85)
はね形	ギザギザ	落葉	交互	N1	カラスザンショウ(21,106)、クサイチゴ(149)、クルミ類(170-171)、サンショウ類(106-107)、シンジュ(20-21)、センダン(103)、タラノキ(160)、チャンチン(53)、ナナカマド(176)、ニガキ(134)、ヌルデ(132)、ノイバラ(149)、ハマナシ(177)、ヤマウルシ△(144-145,161)
はね形	ギザギザ	落葉	対	N2	アオダモ(59)、ゴンズイ(133)、ニワトコ(133)、マルバアオダモ(157)、ヤチダモ(177)、ノウゼンカズラ(65)
はね形	ギザギザ	常緑	交互	O1	ヒイラギナンテン(88)
はね形	ギザギザ	常緑	対	O2	シマトネリコ△(58-59)
はね形	なめらか	落葉	交互	P1	エンジュ類(24-25)、カシグルミ(171)、シンジュ(20)、チャンチン(53)、ネムノキ(133)、ハゼノキ(144-145)、ムクロジ(157)、ヤマウルシ(144-145,161)、フジ(124)
はね形	なめらか	落葉	対	P2	キハダ(135)、マルバアオダモ△(157)
はね形	なめらか	常緑	交互	Q1	アカシア類(76-77)、ナンテン(48)
はね形	なめらか	常緑	対	Q2	シマトネリコ(58-59)、ハゴロモジャスミン(71)
はり形		落葉	はね状	R	メタセコイア(35)
はり形		落葉	たば状	S	カラマツ(184)
はり形		常緑	はね状	T	アカエゾマツ・トドマツ(177)、イチイ(54)、オオシラビソ(185)、カヤ(127)、コメツガ(185)、ドイツトウヒ(187)、モミ類(187)
はり形		常緑	たば状	U	アカマツ・クロマツ(154-155)、イヌマキ(62)、カイヅカイブキ△(63)、キャラボク(54)、ゴールドクレスト(78)、コバノナンヨウスギ(95)、ゴヨウマツ(63)、スギ(108-109)、ハイマツ(185)、ヒマラヤスギ(34)、ローズマリー(71)
うろこ形		常緑		V	カイヅカイブキ(63)、コニファー類(78-79)、ヒノキ類(108-109)
おうぎ形		落葉	交互	W	イチョウ(35)

水色字…つる植物　△…例外的に見られる葉の形

※本書に葉を掲載した樹木を中心に五十音順に記載（つる植物は末尾に記載）。複数の葉の形態がある木は、なるべく複数のグループに掲載していますが、該当グループに目的の木が見つからない場合は、別のグループも探してみて下さい。

本書の制作にあたって

　まだインターネットが普及し始めたばかりの2000年、私は樹木鑑定サイト「このきなんのき」というホームページを開設しました。木の名前を知りたい人が、木の写真をネット上の掲示板に投稿し、それを私やほかの閲覧者が鑑定して回答するというものです。もちろん鑑定は無料。当時はQ&A形式の画像掲示板は珍しく、雑誌などに紹介されて話題を呼ぶと、日に日に訪問者が増え、近年では年間約1,500件の鑑定依頼が寄せられるサイトになりました。

　常連さんには私より木に詳しい人も多く、「これは○○の木では？」「いや△△の木だ」と、毎日熱い議論が交わされています。私はこのホームページを通じ、多くの人に「気になる木」があり、多くの人が「名前を知りたい」「でもわからない」と思っていることを実感しました。私自身、何の知識もなかった学生時代に、花も実もない木の名前を調べるのに苦労したので、木を見分ける難しさは痛感しています。

樹木鑑定サイト「このきなんのき」トップページ

　そこで本書では、これまで私のホームページに多く寄せられた木や質問のパターンを再現し、どのような手順で鑑定したのかを、わかりやすい表現でまとめました。葉の形で候補種を絞るための検索表を巻頭に設け、写真に鑑定ポイントを書き込んだことで、1枚の写真から木の名前を調べるノウハウがおわかりいただけると思います。掲載した樹木は、街や庭先、野山でよく見る木を調べるのに十分な350種にのぼり、葉の写真は筆者独自の撮影法によるスキャン画像を使用しました。

　木の名前がわかると、その木の由来や特徴がわかるだけでなく、その土地の環境や歴史、自然の生態系までも読み取れるようになり、散歩やハイキングで目に映る風景も、驚くほど違って見えることでしょう。環境破壊が深刻化する昨今ですが、木の名前を知ることで、少しでも多くの人に自然の営みと尊さを感じていただけると幸いです。最後に、拙サイト「このきなんのき」にアクセスいただいた全ての皆様に、厚くお礼申し上げます。

2011年5月　　著者　林　将之

※第2版(2021年)では、最新のDNA解析によるAPG分類体系を採用し、科名や分布など各種情報を更新しました。

350種 樹木鑑定

樹木が主に見られる場所によって、「街の中」「庭」「暖かい林」「やや暖かい林」「寒い林」の5項目に色分けして掲載しました。各項目内は、写真の撮影日を基準に、春夏秋冬の順に並べています。

凡例

質問文・写真
樹木鑑定サイト「このきなんのき」によく寄せられる質問や写真を参考に、筆者が作成。写真の撮影場所、木の高さ、撮影日を付記。

木が見られる場所
回答した樹木が主に見られる場所を表示。街の中…街路樹、公園樹など。庭…庭木、鉢植えなど。寒い林…ブナ・ミズナラ帯(右図の水色部分)。やや暖かい林…クリ・コナラ帯(緑色と水色の中間一帯)。暖かい林…シイ・カシ帯(緑色の主に南側)。

鑑定ポイント(赤字)
木を鑑定するための見分けポイントを赤字や白抜き文字で記入。特に重要な特徴を「注目!」と図示。必要に応じて赤円内に補足写真を掲載。

葉の分類グループ
葉の形・ふちの様子・落葉樹or常緑樹・つき方を記し、葉の分類グループ(p.6〜7)のマークを記載。葉の形が複数見られる場合は複数記載。

葉のスキャン画像
葉をスキャナで撮影したスキャン画像を、できるだけすべての樹木に掲載。倍率を青字、特徴を橙字で表記。

回答文・解説
一般的な和名と漢字名を表記。分類…科名(APG分類体系)と属名、標準的な成木の高さ(樹高)を記載。高木は10m以上、小高木は3〜10m、低木は3m以下が目安。似ている木…質問写真で間違えやすい木や、葉が似ている木を挙げた。鑑定方法…質問写真から木の名前を調べる手順を平易に説明。見分けの重要部分は太字表記。解説…分布や利用、特性、名の由来などを解説。花や実の季節は本州中央部の太平洋側を基準。

●コラム(右ページ)
左ページの質問・回答で紹介した樹木の詳しい解説や、似た特徴をもつ木の紹介、間違えやすい木との比較を、コラム形式で右ページに掲載。

11

Q 早春に白い花が咲く街路樹があります。モクレンでしょうか?

[場所] 横浜市内
[木の高さ] 7mぐらい
[撮影日] 3月下旬

花 花びらは6枚で、よく開く

注目！ ここに小さな葉が1枚つく

花はスカスカに見える。ハクモクレンはもっと重量感がある。タムシバとの区別はこの距離では無理

A コブシ【辛夷】

ふつう形＞なめらか＞落葉＞交互

分類 モクレン科モクレン属の落葉高木（高さ6～15m）
似ている木 ハクモクレン、タムシバ、シデコブシなど

鑑定方法 春、葉が出る前に白花を咲かせて目立つのは、コブシやモクレンの仲間です。**花びらが開いてスカスカして見える**のと、**街路樹である**ことから、コブシと推測できます。確実に見分けるには、**花びらが6枚**で、**花の下に葉が1枚つく**点を確認すれば、ハクモクレンやタムシバなどと区別できます。

解説 コブシは北海道～九州に分布し、特に東日本や山地に多く、街路樹や庭木にもされます。ソメイヨシノが開花する約1週間前に開花し、人目を引きます。実は握り拳のようにゴツゴツしており、晩夏に裂けて朱色のタネが出てきます。

中央より先側で幅が最大
ふちは波打つ
40%
地面に落ちた果実

 ## コブシやモクレンの仲間

モクレン科モクレン属の木は、**コブシ**、**シデコブシ**、**タムシバ**、ホオノキ(p.172)、オオヤマレンゲの5種が日本に分布し、外国産種では**シモクレン**、**ハクモクレン**、タイサンボク(p.83)がよく植えられます。いずれも花の香りがよく、幹は白っぽくて滑らかなことが特徴です。

シデコブシ 【四手辛夷】落葉小高木 モクレン科モクレン属

東海地方の湿地に生え、各地で庭木にされる。樹高は3m前後と小型。花は3～4月に咲き、花びらは12～18枚と多く、色は白～ピンクまである。姫コブシとも呼ばれる。

花びらが多く、よく開く

先は丸いかややくぼむ
50%
しわが多くゴワゴワした印象

タムシバ 【噛柴】落葉小高木 モクレン科モクレン属

本州～九州の山地に分布し、寒地に多い。花はコブシにそっくりだが、花の下に葉はつかない。庭や街路に植えられることはまれ。枝や葉をかむとミントの香りがある。

花びらは6枚。葉はつかない

中央かやや基部側で幅が最大
50%
もっと細い葉も多い

シモクレン 【紫木蘭】落葉低木 モクレン科モクレン属

中国原産で庭や公園に植えられる。別名モクレン。樹高は3m前後で、幹が複数出ることが多い。花は3～4月に咲き、紫色。ハクモクレンとの雑種も植えられている。

花びらの内も外も紫色

40%
葉全体がよく波打つ

ハクモクレン 【白木蘭】落葉高木 モクレン科モクレン属

中国原産で庭や公園に植えられる。街路樹は少ない。シモクレンと違って大木になり、葉も大きく丸い。花は3～4月に咲き、花びらは9枚、花の下に葉はつかない。

花は大きなチューリップのよう 40%

街の中　庭　暖かい林　やや暖かい林　寒い林

> **Q 質問** よく公園や土手で花見をするサクラは、全部ソメイヨシノなのですか？

> **A 回答** ソメイヨシノが圧倒的に多く植えられており、花見のサクラの代名詞といえます。

解説 単に「サクラ」という名の木はありませんが、**一般に「サクラ」と呼ばれ、花見でにぎわう木は大半がソメイヨシノ**で、公園や街路樹、社寺などに最も多く植えられています。ソメイヨシノは、エドヒガンとオオシマザクラの雑種とされ、**葉が出る前に花が密に咲く**ことが特長です。一方、山に生えているサクラの代表種は、花と若葉が同時に出るヤマザクラ(p.110)です。ただし、ソメイヨシノやヤマザクラが少ない北海道ではオオヤマザクラ(p.177)が、沖縄ではカンヒザクラがサクラの代表種です。

見分け方 若葉がなく、淡いピンクの花だけが咲いていれば、遠目でソメイヨシノと推測できます。正確に見分けるには、**花の柄やガクに毛が多い**ことや、**ガク筒の形**を確認します。

花期は3月下旬～4月。横に広がる樹形もソメイヨシノの特徴

60%
イボ状の蜜腺がふつう2個ある
柄に少し毛が生える

A1 ソメイヨシノ
【染井吉野】落葉高木　バラ科サクラ属

花は玉状に密集してつく

注目！　柄やガクに毛が生える
ガク筒
ガク筒は少しふくらむ

幹は横すじがあり、老木は黒い

ほかにもあるの？ 代表的なサクラの仲間を覚えよう　A1

　日本で見られるサクラ類は、野生種はヤマザクラ（p.110）、カスミザクラ（p.111）、オオヤマザクラ（p.177）、**オオシマザクラ**、**エドヒガン**、マメザクラなど約10種、園芸種は**ソメイヨシノ**をはじめ、早咲きの**カワヅザクラ**や**カラミザクラ**、八重咲きの**サトザクラ類**、シダレザクラ類、冬咲きのサクラ類（p.41）など、数百の栽培品種があります。いずれもバラ科サクラ属の落葉高木～小高木で、葉のつけ根に蜜腺（みっせん）があり、樹皮に横すじが入ることがほぼ共通の特徴です。

オオシマザクラ【大島桜】

関東地方の沿海に分布し、各地に植えられる。多くの栽培品種の母種である。大きな白花と緑色の若葉が同時に出る。葉はギザギザの先が糸状に伸びる。

エドヒガン【江戸彼岸】

本州～九州の山地に分布。花は小型で葉より先に出て、柄に毛が生え、ガク筒は球状にふくらむ。本種の栽培品種であるシダレザクラもよく植えられる。

カワヅザクラ【河津桜】

静岡県河津町で発見された早咲きのサクラで、2月下旬～3月上旬に咲き始める。花はピンク色でガクや柄は無毛。近年人気でよく植えられている。

カラミザクラ【唐実桜】

中国原産のサクランボの仲間で、実は食べられる。暖地桜桃（だんちおうとう）の名もあり庭木にされる。花は早咲きなのでよく目立ち、雄しべが長い。

フゲンゾウ【普賢象】

サトザクラと呼ばれる栽培品種群の一つで、花期は4月後半頃。花は淡いピンク色の八重咲きで、雌しべ2本が葉のように変化し、ゾウに見える。

カンザン【関山】

サトザクラと呼ばれる栽培品種群の一つで、花期は4月後半頃。花は濃いピンク色の八重咲きで、若葉は茶色っぽい。花を塩漬けにして食用にする。

Q 質問
ヒラヒラした4枚の白い花びらがきれいな木です。庭木にしたいので名前を教えて下さい。

街の中 / 庭 / 暖かい林 / やや暖かい林 / 寒い林

[場所] 山口県光市の街路樹
[木の高さ] 2〜3m
[撮影日] 4月

→注目!
先がくぼむ

[マメ知識] この部分が本当の花。花びらに見える部分は総苞と呼ばれ、葉が変化したもの。

[葉の形] 葉は丸く、弧を描く長いすじが目立つ

[樹皮] この写真ではわかりにくいが、樹皮は網目状に裂ける(右ページ)

A 回答 ハナミズキ【花水木】

ふつう形＞なめらか＞落葉＞対　C2

[分類] ミズキ科ミズキ属の落葉小高木
[似ている木] ヤマボウシ、ミズキなど

[鑑定方法] よく見ると**花びら**(正確には総苞片)が**4枚**ありますね。この花びらの**先がへこんでいたらハナミズキ、とがっていたらヤマボウシ**です。ハナミズキはピンク色の花も多く、4〜5月に咲くのに対し、ヤマボウシはふつう白花で、6〜7月に咲きます。両種とも丸い葉をもち、枝をほぼ水平に伸ばす樹形が特徴ですが、**樹皮や実が異なるので区別できます**。

[解説] ハナミズキは実や紅葉も美しく、近年のガーデニングブームで庭木や街路樹に急増した木です。

ハナミズキの紅花

ヤマボウシの花

もっとくわしく 近年人気のハナミズキとヤマボウシ

大きな花と丸い葉が可愛らしい**ハナミズキ**と**ヤマボウシ**は、近年人気が高まり、庭や公園、街路に多く見かけるようになりました。清楚な白花が特徴のヤマボウシも、最近は花つきのよい栽培品種や、類似の外国産種が出回るようになり、紅花や常緑性のものも増えています。また、ハナミズキとヤマボウシの雑種も作られています。

ヤマボウシの街路樹

ハナミズキ (左ページ参照)

北アメリカ原産で、庭木や街路樹にされる。別名アメリカヤマボウシ。花はサクラが咲き終わる頃に咲き、原種では白色だが、ピンク色の栽培品種が多い。紅葉は濃い赤色。樹皮はカキノキに似る。

長さ約1cmの実が10個前後つく 　　樹皮は細かい網目状に裂ける

ふちは波打たない

カーブする長いすじ（側脈：そくみゃく）がミズキ類の特徴

80%

ふちは細かく波打つ。外国産ヤマボウシ類は波打たない

80%

マメ知識
園芸店では中国原産のシナヤマボウシの栽培品種「ミルキーウェイ」や、常緑のガビサンヤマボウシなども売られている。

実は径2cm前後で1個ずつつく 　　樹皮は所々うろこ状にはがれる

ヤマボウシ 【山法師】 落葉小高木
ミズキ科ミズキ属

本州〜九州の山地に点々と生え、庭や街路、公園に植えられる。花は梅雨の頃に咲き、白色で時にやや赤みを帯びる。葉はハナミズキより一回り小さくて丸みが強い。実は食べられる。

街の中 | 庭 | 暖かい林 | やや暖かい林 | 寒い林

おうぎ形に枝を広げた街路樹があります。幹も独特で、すごく気になります。

[場所] 東京都表参道　[木の高さ] 10m以上　[撮影日] 6月

葉は枝にぶら下がるようにつく

枝はきれいな放射状に広がる

樹皮がうろこ状にはがれ、凹凸ができる

幹 注目!

 ケヤキ【欅】　　　ふつう形 ＞ ギザギザ ＞ 落葉 ＞ 交互　A1

分類 ニレ科ケヤキ属の落葉高木（高さ15〜30m）
似ている木 ムクノキ、エノキ、ハルニレ、アキニレなど

鑑定方法 爽やかで美しいおうぎ形の樹形(じゅけい)ですね。このような樹形の街路樹といえば、ケヤキが最も代表的です。**ポロポロとはがれる樹皮や、葉のふちのギザギザも独特**なので、慣れれば樹皮や落ち葉だけでも見分けられます。よく似たアサ科のエノキ(p.102)やムクノキ(p.103)は街路樹には使われず、ハルニレ(ニレ科 p.178)は北日本で街路樹にされます。
解説 ケヤキは本州〜九州の林に生え、街路や公園によく植えられ、街路樹本数は全国3位です。紅葉は赤・橙・黄色と個体差があり華やかです。

ややカーブしたギザギザが特徴

90%

> **ほかにもあるの？** 樹形だけで見分けられる並木
>
> 美しい樹形で並木道に好まれる**ケヤキ**は、樹形だけでも比較的見分けやすい木の一つです。このほか、枝垂れ樹形で有名な**シダレヤナギ**や、背高のっぽの**ポプラ**、三角樹形のイチョウ（p.35）、メタセコイア（p.35）、スギ（p.108）なども、樹形だけで見分けやすい並木です。

シダレヤナギ
【枝垂柳】落葉高木
ヤナギ科ヤナギ属

中国原産で水辺や公園、街路に植えられる。河原に野生化することもある。枝は長く垂れ、葉も非常に細長い。同じく枝垂れ樹形のシダレザクラやシダレウメは、葉が幅広いので簡単に見分けられる。単に「ヤナギ」というと本種を指すことが多いが、野生のヤナギ類（p.128）には多くの種類がある。

池のほとりに植えられた並木。水辺を象徴する木だが、近年は減っている

60%
細かいギザギザがある

ポプラ
【poplar】落葉高木
ヤナギ科ヤマナラシ属

ヨーロッパや西アジア原産で、公園などに植えられる。枝はほぼ真上に伸び、細長い独特の樹形になるので、遠くからでも見分けやすい。ただし強風で倒れやすく、台風が多い地方では植えられない。別名セイヨウハコヤナギ（西洋箱柳）、イタリアポプラ。よく似た木に、枝が横に広がるカロリナポプラもある。

並木道は気持ちがいい。枝は根元近くから出る

60%
柄は両側から押しつぶされたように偏平

街の中

質問：羽のような長い葉を伸ばした木が生えています。この木何の木ですか？

[場所] 東京都港区の墓地
[木の高さ] 2〜3m
[撮影日] 6月

葉の先端部は小さくなることが多い

注目！ 葉の形
これで全部で1枚の葉（はね形）。長さ1m近くになることも

回答：シンジュ【神樹】

はね形＞なめらかギザギザ＞落葉＞交互

分類 ニガキ科ニワウルシ属の落葉高木（高さ12〜25m）
似ている木 カラスザンショウ、チャンチンなど

鑑定方法 とても特徴的な樹形ですね。四方に長く伸びているのは、**それぞれが1枚のはね形の葉**（羽状複葉）**で、これほど長いのはシンジュかカラスザンショウのどちらかでしょう。小葉のつけ根に突起があればシンジュ、幹や葉の軸にトゲがあればカラスザンショウ**なので、近くで見れば区別できます。

解説 シンジュは中国原産で、かつて街路樹や養蚕用に植えられ、生育力旺盛で各地の明るい山野に野生化しています。天に届くほど背が高くなることが名の由来です。ニワウルシ（庭漆）の別名もありますが、ウルシ科ではないのでかぶれません。

若い実をつけた成木

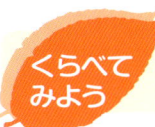

くらべてみよう シンジュとカラスザンショウの葉

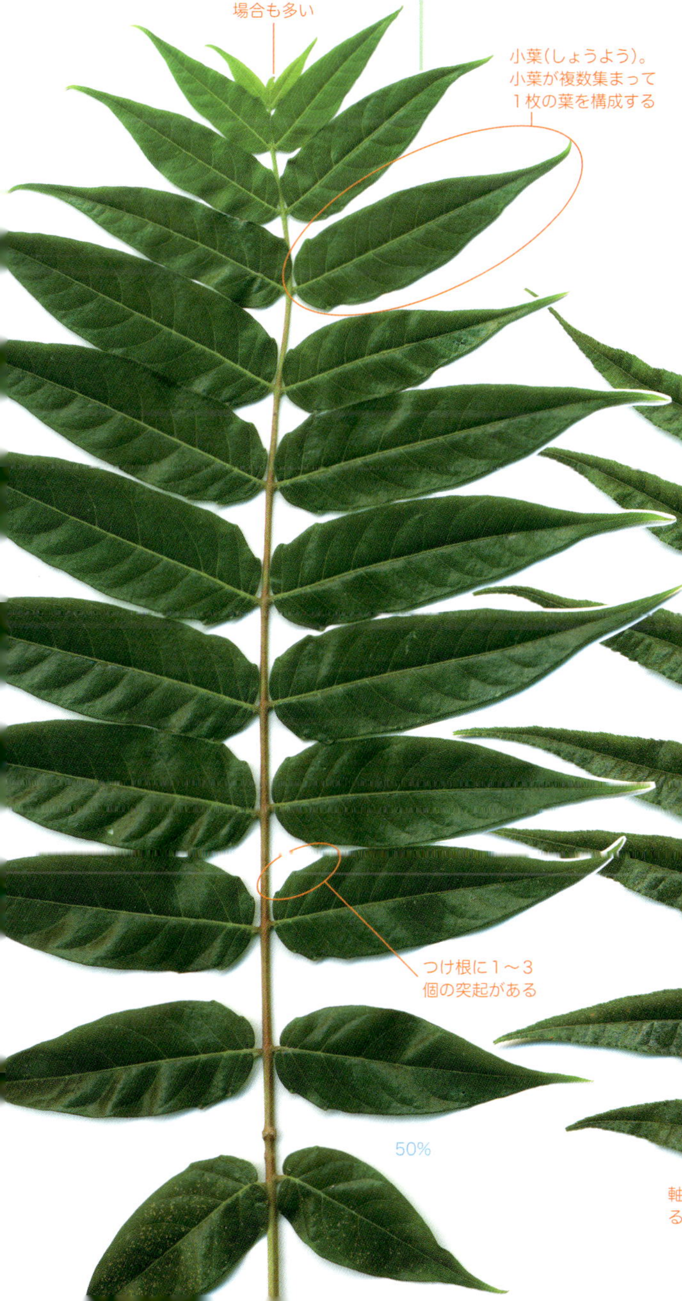
シンジュ
左ページ参照
このように先端の小葉が小さい場合も多い
小葉(しょうよう)。小葉が複数集まって1枚の葉を構成する
つけ根に1～3個の突起がある
50%

N1

カラスザンショウ【烏山椒】

ミカン科の落葉高木。幹や枝にトゲがあることが多い(p.106)。葉をちぎると、強烈な山椒臭がある。アゲハ類の幼虫の食草。

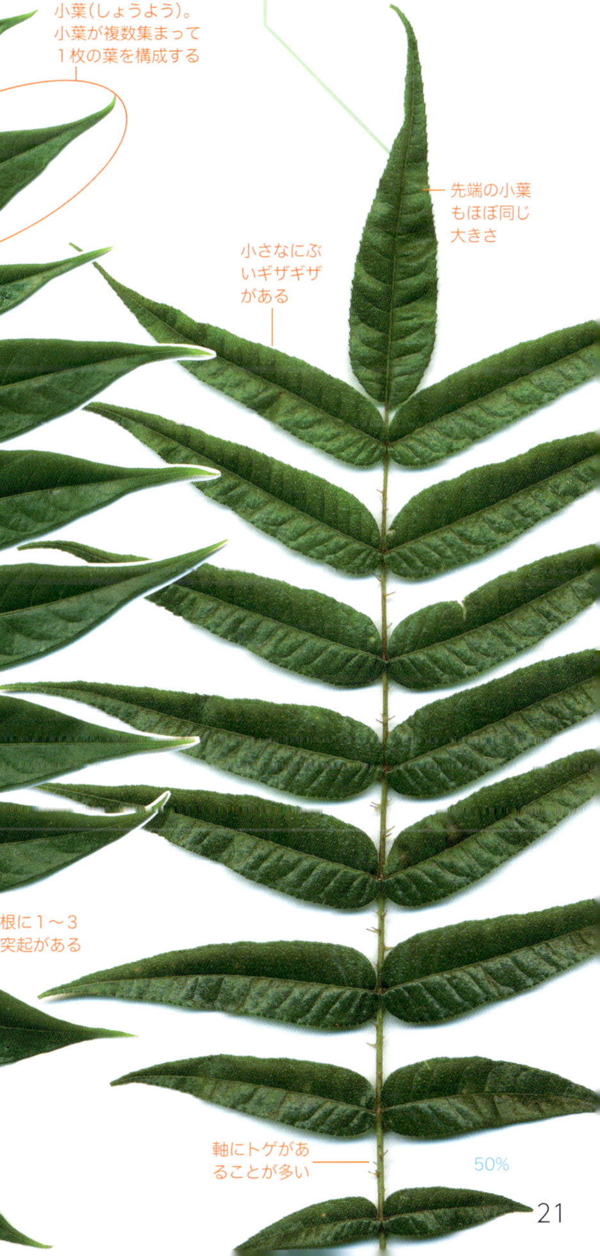
先端の小葉もほぼ同じ大きさ
小さなにぶいギザギザがある
軸にトゲがあることが多い
50%

街の中 | 庭 | 暖かい林 | やや暖かい林 | 寒い林

質問 道路沿いにツツジと思われる植え込みがあります。何という種類でしょうか？

[場所] 千葉県の国道
[木の高さ] 1m弱
[撮影日] 8月

樹高は腰丈程度で、刈り込まれて植えられることが多い

注目！
黄緑色の葉が、枝先に集まってつく

[マメ知識] よく似たリュウキュウツツジは葉がやや細くて花はふつう白。モチツツジは葉がやや短くて粘る毛が多く、花はふつうピンク。

回答 ヒラドツツジ【平戸躑躅】

ふつう形＞なめらか＞常緑＞交互

[分類] ツツジ科ツツジ属の常緑低木（高さ0.5～1.5m）
[似ている木] キリシマツツジ、リュウキュウツツジ、モチツツジなど

[鑑定方法] 丸や四角に刈り込まれた**樹高1m内外**の木で、**枝先に葉が密集し**ていますね。また、**葉の光沢が弱く、落葉樹のような質感が**あります。これらの点でツツジ類とわかります。葉は明るい黄緑色で、**比較的大きい（長さ5cm前後）**ことから、ヒラドツツジと思われます。葉が3cm前後なら、キリシマツツジやサツキが候補になります。

両面に毛が生える

100%

[解説] ヒラドツツジは、ケラマツツジやモチツツジ(p.150)などから作られた栽培品種群の総称です。**花は径7cm前後と大きく、**色は赤紫、ピンク、白など多様です。道路沿いや公園、庭によく植えられています。

よく植えられる園芸用のツツジ類

ツツジの仲間には多くの種類がありますが、大半は葉は長さ5cm以下と小さくて毛が多く、4～5月に鮮やかな花を咲かすことが特徴です。代表的な園芸用のツツジが以下の4種類です。これらは庭や公園、道路の植え込みなどにたくさん植えられており、きれいに刈り込まれた姿がよく見られます。(野生のツツジ類は150～151ページ参照)

ヒラドツツジ （左ページ参照）

長崎県平戸から広まった栽培品種グループで、ツツジ類の中でも最も葉や花が大きい。特にオオムラサキという栽培品種が有名で、道路の植え込みなどに大量に植えられている。

オオムラサキの花は赤紫色

ピンクや白の花も多い

キリシマツツジ 【霧島躑躅】常緑低木 ツツジ科ツツジ属 D1

鹿児島県霧島から広まった栽培品種群。葉は長さ2～3cm。花は径3cm前後で、朱色や赤紫、白など。中でもクルメツツジと呼ばれるタイプは花びらが二重になるものが多い。

花は濃く鮮やかなものが多い

先は丸い / 100%

サツキ 【皐月】常緑低木 ツツジ科ツツジ属 D1

関東～九州の川岸にまれに生え、各地に植えられる。花は5月前後に咲き、野生では朱色だが、様々な栽培品種が作られており、赤紫色の花も多い。葉は長さ2～3cmで細い。

代表的な朱色の花

先はとがる / 100%

ドウダンツツジ 【灯台躑躅】落葉低木 ツツジ科ドウダンツツジ属 A1

関東～九州の岩地にまれに生え、各地に植えられる。紅葉が美しい落葉樹。葉は長さ3cm前後で、葉先の方で幅が広くなる形。春にスズランのような白い花をつける。

秋は木全体がまっ赤になる

ギザギザがある / 100%

街の中

 Q 質問 白い小さな花をつけた街路樹があります。樹皮は縦に裂けていました。何の木ですか？

花 霞みがかかったように見える細かい花

葉 注目！ この距離では形はわからないが、細かい葉とわかる

[場所] 東京都千代田区
[木の高さ] 10m強
[撮影日] 8月

幹 縦にはっきり裂ける

 A 回答 エンジュ【槐】

はね形＞なめらか＞落葉＞交互 **P1**

分類 マメ科エンジュ属の落葉高木（高さ10〜15m）
似ている木 イヌエンジュ、ハリエンジュなど

鑑定方法 細かい白花が真夏（7〜8月）に咲いている様子から、エンジュとわかります。花がなくても、**葉が細かくて（近くで見ればはね形とわかる）、樹皮が縦に裂けた街路樹**という点で、エンジュかハリエンジュ（右ページ）と推測できます。**エンジュは葉先がとがるのに対し、ハリエンジュは少しくぼみ**、花の形や花期も異なることで区別できます。

解説 エンジュは中国原産で、街路や公園、学校などに植えられます。街路樹本数は全国24位ですが、関東地方では17位と多く植えられています。

花はややまばらに咲く

ほかにもあるの？ エンジュと名のつく木 P1

エンジュ (左ページ参照)

イヌエンジュの葉より細身で、小葉の枚数が多い。

樹皮は菱形に浅く裂ける

葉先はとがる

小葉(しょうよう)は5～8対ある

マメ知識
小葉が対につくか交互につくかは変異があり、あまり見分けポイントにならない。

50%

イヌエンジュ
【犬槐】落葉小高木
マメ科イヌエンジュ属

北海道～九州の山地に生え、時に公園などに植えられる。花は穂状で7～8月に咲く。

葉先はとがる

小葉はエンジュより幅広く、4～5対と少ない

50%

ハリエンジュ 【針槐】落葉高木
マメ科ハリエンジュ属

北米原産。北海道～九州の山地や河原、海岸の緑化用、街路樹などに植えられ、多数野生化している。樹皮は縦に裂け、枝にトゲがある。別名ニセアカシア。「アカシア」(p.76)の蜂蜜は本種の蜜。

満開の姿。群生することが多いので目立つ

葉先はくぼむ

マメ知識
本種は繁殖力旺盛で、在来の生態系を乱すため、外来生物法で注意が喚起されている。

花は房状で5～6月に咲く

50%

25

街の中

Q 質問 公園に植わっていたハート形の葉っぱの木です。かわいいので名前が知りたいです。

つき方 対につく 注目！
ふち にぶいギザギザ
樹形 若木は三角形
葉の形 円形に近いハート形。先はとがらない

[場所] 千葉県松戸市の公園
[木の高さ] 6〜7m
[撮影日] 8月

A 回答 カツラ【桂】

ふつう形＞ギザギザ＞落葉＞対 A2

分類 カツラ科カツラ属の落葉高木（高さ10〜35m）
似ている木 シナノキ、ハナズオウ、ムシカリなど

鑑定方法 ハート形の葉が対についているので、カツラとわかります。交互につくならシナノキなどが候補になりますが、カツラの葉は**先が丸く、ふちのギザギザも丸みがある**ので、葉の形だけでも見分けられます。**若木は三角形に近い樹形**になることも特徴です。

解説 カツラは北海道〜九州の寒冷な山地の谷沿いに生え、大木になります。葉の形が愛らしく樹形も美しいので、近年人気が高まり、街中に植えられることも増えました。秋は黄葉し、落葉した葉は甘い香りを発することで知られます。

黄葉 80%

渓谷に生えた大木（黄葉）

ほかにもあるの？ ハート形の葉っぱ

カツラのほかにハート形の葉をもつ木は、庭や公園に植えられる**ハナズオウ**、トサミズキ(p.113)、オオバベニガシワ(p.53)、**ボダイジュ**、山に生える**シナノキ**、**ヤマブドウ**、イイギリ(p.69)、ムシカリ(p.163)、ヒトツバカエデ、マルバノキなどがあります。

シナノキ【科の木・椴の木】 A1
アオイ科の落葉高木。寒い林に生え、時に公園などに植えられる。
80%
葉先は伸びる

ヤマブドウ【山葡萄】 E1
ブドウ科の落葉つる性樹木。寒い林に生え、実(p.126)は食べられる。
紅葉 60%
浅く3〜5つに裂ける

ボダイジュ【菩提樹】 A1
アオイ科の落葉小高木。中国原産で時に社寺に植えられる。葉裏は白い毛が密生する。
裏 100%
左右非対称の形が特徴
80%

ハナズオウ【花蘇芳】 C1
マメ科の落葉低木。中国原産で庭木にされる。春に赤紫色の花を多数つける。
ギザギザはない
80%

葉が細長くて、こんもりした樹形の木があります。何の木でしょうか？

[場所] 東京都内の公園　[木の高さ] 5〜6m　[撮影日] 9月

樹形 モコモコした丸い樹形で、葉が密につく

つき方 細長い葉が枝先に集まってつく

注目！
ふち ふつうギザギザはない

A ヤマモモ【山桃】

ふつう形＞なめらか／ギザギザ＞常緑＞交互　

分類 ヤマモモ科ヤマモモ属の常緑高木（高さ5〜15m）
似ている木 ホルトノキ、タブノキ、シラカシなど

鑑定方法 葉が細長く、葉先の方で幅が広く、枝先に集まってつく常緑樹ですね。これらの特徴をもつのはヤマモモ、ホルトノキ、マテバシイ、タブノキなどですが、葉が小さめなので前二者に絞られます。葉のふちに必ずギザギザがあればホルトノキですが、写真の葉はないのでヤマモモでしょう。

解説 ヤマモモは関東以西の暖かい林に生え、樹形が整うので街路樹や庭木にされます。雌株は初夏に実をつけ食べられますが、落ちた実の掃除が大変なので、街中に植えられるのは大半が雄株です。

若木や若い枝の葉はギザギザがある

80%

中央より先側で幅が最大

実

細長い葉の街路樹

ヤマモモとよく似た細長い葉をつける常緑の街路樹には、**ホルトノキ**と**シラカシ**が挙げられます。特にホルトノキはよく似ていますが、赤い葉がいつも交じることがよい区別点です。シラカシは、枝先にさほど葉が集まらず、樹形の雰囲気もやや異なります。

ホルトノキ

【ほるとの木】常緑高木
ホルトノキ科ホルトノキ属

関東以西の暖かい林に生え、暖地で街路や公園に植えられる。ヤマモモに似るが、葉に必ずギザギザがある。「ホルト」はポルトガルを指し、実がオリーブ (p.77) に似ることに由来。

所々、赤く紅葉した葉がほぼ一年中見られる

近年、関東の街路樹にも増えた（東京都お台場）

にぶいギザギザがある

80%

シラカシ

【白樫】常緑高木
ブナ科コナラ属

本州～九州の林に生え、関東地方に特に多い。カシ類 (p.105) の中では街路樹に最も多く使われ、公園や庭にも植えられる。樹皮は暗い灰色で、薄い縦すじがある。

若い実（ドングリ p.153）がついた枝

街路樹の樹形。やや縦長の樹形になる

小さなギザギザがある

80%

街の中 | 暖かい林

質問 5階建てのビルより大きい立派な大木を見かけました。トトロの木みたいで気になります。

[場所] 長崎県の街中
[木の高さ] 約20m
[撮影日] 9月

注目！ 樹形
枝は力強く横に広がり、葉はモコモコして見える

これも同じ木と思われる

幹 明るい褐色で細かく縦に裂ける

回答 クスノキ【楠】

ふつう形＞なめらか＞常緑＞交互

分類 クスノキ科クスノキ属の常緑高木（高さ15～30m）
似ている木 シロダモ、ヤブニッケイ、タブノキなど

鑑定方法 丸い樹形で広葉樹、濃い葉色で常緑樹とわかります。これほど**大きくなる常緑広葉樹は、クスノキ、タブノキ、シイ類、カシ類**ぐらいです。①**葉色が明るく**、②**モコモコした横広がりの樹形**で、③**樹皮が明るい褐色**なので、クスノキと推測できます。葉は**3本のすじ（葉脈）が目立ち、分岐点にダニ室がある**ことが特徴です。

解説 クスノキは関東以西の暖かい林に生え、昔は樟脳を採るため植林もされました。街路、公園、社寺によく植えられ、各地に大木があります。葉が大量に入れ替わる春は、黄緑～赤色に染まります。

ふちは波打つ

70%

300%

分岐点に1mmほどのふくらみ（ダニ室）がある

くらべてみよう 街路樹に使われる常緑樹

街路樹には季節感のある落葉樹が好まれますが、明るい雰囲気のあるクスノキは近年増えており、街路樹本数は常緑樹では最も多い全国6位です。ほかの常緑樹では、**マテバシイ**、クロガネモチ(p.36)、シラカシ(p.29)、ヤマモモ(p.28)、**タブノキ**などが植えられます。

クスノキ 新緑
(左ページ参照)

秋に径1cm弱の黒い実がなる

樹皮は縦に短冊状に細かく裂ける

タブノキ

【椨の木】常緑高木
クスノキ科タブノキ属

本州以南の暖かい林にふつうに生える。葉は枝先に集まってつき、若葉(p.81)は赤くて目立つ。樹皮は白っぽく、ふつう裂けない。

中央より葉先側で幅が最大

60%

芽は大きい

100%
裏面は白っぽい

マテバシイ

【全手葉椎】常緑高木
ブナ科マテバシイ属

関東以西の暖かい林に時に生える。葉は枝先に集まってつく。ドングリ(p.153)は縦長。樹皮は白っぽく、縦すじが入る。

中央より葉先側で幅が最大

60%

芽は小さい

100%
裏面は金色っぽい

3つに裂けた葉の街路樹があります。カエデの仲間でしょうか？

［場所］千葉県の街中　［木の高さ］5〜6m　［撮影日］9月

樹形 細長い形。枝を頻繁に切られる街路樹特有の姿

幹 樹皮がはがれ、やや汚らしくなる

つき方 対につく

葉の形 3つに裂ける。裂け目の深さは変異がある

注目！ **ふち** ギザギザはないか、少しある

トウカエデ【唐楓】

もみじ形＞なめらかギザギザ＞落葉＞対

分類 ムクロジ科カエデ属の落葉高木（高さ5〜15m）

似ている木 フウ、ハナノキ、ウリカエデ、カクレミノなど

鑑定方法 3つに裂ける葉といえば、**街路樹ではトウカエデ、フウ、ハナノキ**のどれかと思ってよいでしょう。フウが属するフウ科は葉が交互につき、トウカエデとハナノキが属する**ムクロジ科カエデ属は葉が対につく**ことが大きな違いです。**フウやハナノキはふちにギザギザが並ぶのに対し、トウカエデはほとんどない**こともよい区別点です。ただし、枝を切った後に生える若い枝（街路樹に多い）では、ギザギザのある葉がよく出るので要注意です。また、トウカエデは**樹皮がはがれてガサガサになる**こともよい特徴です。

解説 トウカエデは中国原産で、丈夫で紅葉も美しいので、街路樹としてふつうに植えられています。庭木や盆栽にされることもあります。

もっとくわしく 3裂する葉の街路樹3種

トウカエデは日本で5番目に多い街路樹で、都市部でよく見かける街路樹の一つです。**フウ**は41番目で、西日本に多い傾向があります。**ハナノキ**は珍しい木ですが、愛知県では県木(けんぼく)に指定され、よく植えられています。いずれも紅葉は赤～黄色まで変異があり鮮やかです。

トウカエデ
(左ページ参照)

ハナノキ E2 A2
【花の木】落葉高木
ムクロジ科カエデ属

野生は愛知県周辺に見られ、時に公園や街路に植えられる。名は花が美しいためだが、れっきとしたカエデの仲間。

フウ E1
【楓】落葉高木
フウ科フウ属

中国原産で時に街路や公園に植えられる。別名タイワンフウ(台湾楓)。同科のモミジバフウ(p.38)より少ない。

秋の紅葉。黄色くなる個体もある

春の葉が出る前に、小さな赤い花が咲く

秋に径2～3cmの実をつける

3本のすじ(葉脈)が目立つ

黄葉 50%

ギザギザはあっても少数

50%

裂け目は大小不規則。裏面は目立って白い

50%

小さなギザギザが多数並ぶ

樹皮は縦に荒々しくはがれる

樹皮は縦に少し裂ける

樹皮は網目状に浅く裂ける

Q 質問 きれいな三角形の大きな木があります。スギの仲間でしょうか？

樹形 きれいな三角形の木は針葉樹と思ってよい

注目！ 枝先が垂れ下がるので、やや不気味な雰囲気にも感じる

[場所] 千葉県の公共施設
[木の高さ] 20mぐらい
[撮影日] 10月

葉の色 枝先の若い葉ほど青白い

A 回答 ヒマラヤスギ【Himalaya杉】

はり形＞常緑＞たば状

分類 マツ科ヒマラヤスギ属の常緑高木（高さ10〜35m）
似ている木 モミ、カラマツ、ゴヨウマツなど

鑑定方法 三角形の樹形で、**葉が針状**に見えることから、針葉樹とまずわかります。枝葉をよく見ると、**青白くて、枝先がやや垂れ下がっています**ね。この点でヒマラヤスギとわかります。同じく三角樹形のモミ類(p.187)は枝葉が斜め上に出ますし、葉の形が似たカラマツ(p.184)やゴヨウマツ(p.63)も枝は垂れず、寒地でないと大きな木は見られません。

解説 ヒマラヤスギ（別名ヒマラヤシーダー）は、ヒマラヤ地方原産ですが、各地の公園や広い庭にふつうに植えられており、暖地の都市部でもよく見る木です。スギ(p.109)の名がつきますがマツの仲間です。

葉は数十本が束になってつく

70%

さわると痛い

ほかにもあるの？ 街中で見かける三角形の木

ヒマラヤスギのほかに街中で見られる三角形の木には、**イチョウ**や**メタセコイア**があります。ともに落葉樹で紅葉が美しく、並木道に人気のある木です。

70%

イチョウ W

【銀杏・公孫樹】落葉高木
イチョウ科イチョウ属

中国原産とされ、各地で街路や公園、社寺などに植えられる。秋の黄葉が美しい上に、丈夫で大気汚染にも強く、街路樹として日本一多く植えられている。雄株と雌株があり、雌株は秋に実（ギンナン）をつける。ただし、街路樹に植えられるのは大半が雄株。

切れ込みがある葉とない葉がある

ギンナンの肉質部は悪臭を放ち、さわるとかぶれることもある

黄葉した街路樹。枝を切られずに育った木はもっと丸い樹形になる

メタセコイア R

【Metasequoia】落葉高木
ヒノキ科メタセコイア属

化石として知られていた木が中国の奥地で発見され、話題を呼んだ。現在は各地の公園や学校にふつうに植えられている。落葉樹なので葉は明るい黄緑色。秋はレンガ色に紅葉し、アケボノスギ（曙杉）の別名もある。

葉はやわらかく、先にふれても痛くない

葉は対につく。よく似たラクウショウは交互につき、葉はやや短い

紅葉した並木。丸みのある三角形の樹形が特徴

70%

Q 赤い実をたくさんつけた街路樹があります。常緑樹と思いますが、何の木でしょうか?

[場所] 神奈川県秦野市の遊歩道　[木の高さ] 約4m　[撮影日] 11月

注目!

ふち 明るい線が葉をふち取るように見える。ギザギザはない

実 径約6mmで密集する(実をつけるのは雌株)

葉の形 モチノキより幅広い。日なたの葉は中央で折れ曲がる傾向がある

A クロガネモチ【黒鉄黐】

ふつう形＞なめらか＞常緑＞交互　D1

分類 モチノキ科モチノキ属の常緑小高木～高木(高さ4～15m)
似ている木 モチノキ、サンゴジュ、ナナミノキなど

鑑定方法 秋に赤い実をつける背の高い常緑樹といえば、モチノキ科の木、サンゴジュ、シロダモ、カナメモチなどが考えられます。**葉は10cm以下でギザギザがない**ので、モチノキ(p.98)かクロガネモチ、ソヨゴに絞られます。**葉の幅が広く、実が小さめで密集している**ので、クロガネモチですね。

解説 クロガネモチは関東以西の暖かい林に生えます。実つきのよさは常緑樹の中でもピカイチで、主に西日本で庭木や街路樹にされます。名は、**葉の柄(葉柄)や枝が黒紫色に色づく**ためです。

80%

柄は黒紫色を帯びることが多い

街の中／庭／暖かい林／やや暖かい林／寒い林

ほかにも あるの？ 赤い実のなる常緑小高木～高木

秋に赤い実をつける常緑樹は、低木ではマンリョウ(p.100)、ナンテン(p.48)、ピラカンサ(p.74)など多くありますが、小高木以上で目につくのは**モチノキ科の木**や**シロダモ**、**サンゴジュ**などが中心で、さほど多くありません。葉の形や実のつき方を確認すれば見分けられます。

ソヨゴ 【冬青】常緑小高木 モチノキ科モチノキ属 D1

関東～九州の山地の乾いた場所に生え、時に庭や公園に植えられる。実は秋に熟し、少数が長い柄にぶら下がってつく。名は葉が風にそよぐ様子に由来する。別名フクラシバ。

ギザギザはなく、やや波打つ

葉は小判形

80%

サンゴジュ B2 D2

【珊瑚樹】常緑小高木 ガマズミ科ガマズミ属

関東以西に分布。生垣、庭木。秋につける赤い実がサンゴのように鮮やかなことが名の由来。葉はp.83。

ナナミノキ 【七実の木】常緑小高木～高木 モチノキ科モチノキ属 B1

東海～九州の暖かい林に生える。やや珍しい木だが、秋の赤い実が美しいので目に留まりやすい。別名ナナメノキ。名の由来は諸説がある。

低いギザギザがある

80%

シロダモ D1

【白だも】常緑高木 クスノキ科シロダモ属

身近な林にふつうに生える。雌株は秋に赤い実と雌花をつける。葉は長さ10～15cmと大きい(p.80)。

37

街の中

Q 質問 赤やオレンジに紅葉した並木があります。モミジの仲間でしょうか？

[場所] 兵庫県内の公園　[木の高さ] 10mぐらい　[撮影日] 12月上旬

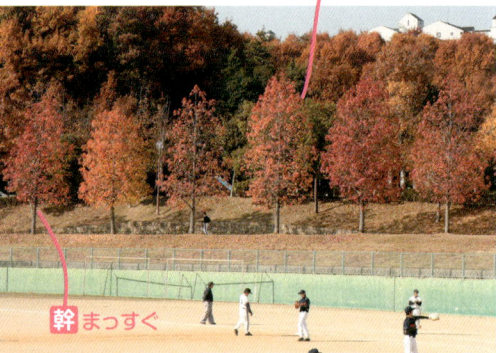

葉の形 大きくて5つに裂け、赤系の紅葉。葉のつき方はわかりにくい

樹形 縦長の三角形状の樹形が多い

注目！

幹 まっすぐ

A 回答 モミジバフウ【紅葉葉楓】

もみじ形＞ギザギザ＞落葉＞交互　E1

分類 フウ科フウ属の落葉高木（高さ10～25m）
似ている木 フウ、ハリギリ、イタヤカエデ、オオモミジなど

鑑定方法 幹が直立した縦長の樹形（じゅけい）で、葉は大型で5つに裂けていますね。これらはモミジバフウの特徴で、イロハモミジ（右ページ）などのいわゆる**モミジ類は、幹が傾き、不ぞろいの樹形**になります。葉のつき方をよく見れば、**モミジバフウは交互につき、モミジ・カエデ類は対につくので区別できます**。また、ハリギリ（p.161）やイタヤカエデ（p.181）は葉の形が似ていますが、いずれも紅葉は黄色で、植えられることはまれです。モミジバフウは、**枝に翼（よく）と呼ばれる突起がつくことも珍しい特徴**です。

枝についた翼。ただし、翼がほとんどつかない個体もある

庭／暖かい林／やや暖かい林／寒い林

くらべてみよう モミジバフウとモミジ

モミジバフウと**イロハモミジ**は、ともに紅葉が鮮やかでよく植えられますが、葉の大きさ、つき方、実の形、樹形、樹皮などがまったく異なります。

モミジバフウ（左ページ参照）

北米原産で、別名アメリカフウ。紅葉は赤系で、暖地や街中でも色づきがよいので、街路や公園によく植えられる。同属のフウ（p.33）は、葉が3つに裂けること違い。

葉は径15cm前後。交互につく

50%

途中に突起が出る葉もある

実は径2〜3cmの堅い球状

樹皮は縦に深く裂ける

あらいギザギザがある

50%

対につく

葉は径5〜6cm。オオモミジは径10cmほど

イロハモミジ 【以呂波紅葉】落葉小高木 ムクロジ科カエデ属 E2

本州以西の低山に点々と生え、庭や公園、社寺、街路などによく植えられる。オオモミジ（p.180）と並んで「モミジ」の代名詞ともいえる代表的なカエデで、紅葉（p.180）は赤が中心で美しい。栽培品種も多く、春の若葉がまっ赤に染まるものもある。

紅葉。幹は直立せず、低い位置で分岐して横広がりの樹形になる

カエデ属の実はプロペラ形

樹皮は縦に薄いすじがある

街の中

Q 質問 真冬に白い花のようなものをつけている木があります。何の木でしょう？

[場所] 広島県の公園
[木の高さ] 10m弱
[撮影日] 12月

注目! よく見ると花ではなく実。径1cmぐらいで枝先につく

実 秋に茶色い果実が3つに裂け、白い種子が姿を現す

A 回答 ナンキンハゼ【南京櫨】

ふつう形＞なめらか＞落葉＞交互　C1

分類 トウダイグサ科ナンキンハゼ属の落葉高木（高さ5〜15m）
冬に間違えやすい木 冬咲きのサクラ類、センダンなど

鑑定方法 よく間違えやすいのですが、**白いのは花ではなく実（種子）です。冬に真っ白い実をつける木といえばナンキンハゼぐらいです**。やや似たセンダン（p.103）の実は、うす黄色で径約2cmです。これが花なら、冬咲きのサクラ類（右ページ）が候補になります。

解説 ナンキンハゼは中国原産で、関東以西の暖地で街路や公園に植えられ、河原などに野生化することもあります。実の白い部分はロウ物質で、ロウソクや石けんの原料にもなり、鳥がよく好みます。葉は独特のかわいらしい横長の形で、葉だけでも見分けやすい木です。

樹皮は縦に裂ける

60%
イボ（蜜腺）が2つある

もっとくわしく

紅葉が美しいナンキンハゼ

　紅葉は寒い地方ほど美しいといわれますが、ナンキンハゼは中国の暖かい地方の出身で、暖地でも美しく紅葉するので人気があります。秋は木全体が紫〜赤〜橙〜黄〜緑色のグラデーションになることもあり、西日本の平野部でも美しく紅葉します。街路樹の本数は、関東地方では26位ですが、西日本ではトップ10に入ります。

　名の「南京」は中国を指し、ウルシ科のハゼノキ(p.145)と同様にロウが採れるので、「ハゼ」の名があります。葉をちぎると白い液が出るのもハゼノキと同じですが、かぶれる木ではありません。初夏に咲く花は、毛虫のようでユニークな姿です。

紅葉した街路樹の樹形

花は黄緑色では7月頃に咲く

冬に白い花が咲くサクラ類

　ナンキンハゼの実と似て見えるのが、二季咲き(主に春と秋)のサクラ類(バラ科サクラ属)です。右の3種類が代表的で、いずれもマメザクラなどから作られた栽培品種です。葉や樹高は小型で、近年公園や庭、街路などに植えられることが増えました。

冬もちらほらと咲くコブクザクラ(12月)

コブクザクラ
【子福桜】
花は秋〜春に咲き、八重咲きで、白→ピンク色に変化する。雌しべが2本以上あり、花の中心は花びらで隠れる。

ジュウガツザクラ
【十月桜】
花は秋〜春に咲き、八重咲きで、ピンク色を帯びる。コブクザクラより花びらは少なく、雌しべは1〜2本。

フユザクラ
【冬桜】
花は主に秋と春に咲き、暖地では冬も点々と咲き続ける。花びらは白色でふつう5枚で、時に4枚の花も交じる。

街の中

Q 質問 いびつな形の街路樹をよく見かけます。樹皮はまだらの模様があります。

[場所] 東京都内の国道
[木の高さ] 10mぐらい
[撮影日] 1月

毎回枝を切られる部分がこぶ状になり、春にここから枝葉が出る

注目！

幹 樹皮がはがれ、白・灰・緑・茶色などのまだら模様になる

A 回答 プラタナス【Platanus】

もみじ形＞ギザギザ＞落葉＞交互　E1

分類 スズカケノキ科スズカケノキ属の落葉高木（高さ8〜15m）
似ている木 サルスベリ類、ユリノキ、アオギリ、モミジバフウなど

鑑定方法 これは**街路樹によく見られる樹形**ですね。幹は**白や灰色が入り交じっており**、街路樹で白っぽいまだら模様の幹といえば、プラタナスと思ってよいでしょう。プラタナスは、スズカケノキ類3種の総称で、**日本で植えられているのは大半がモミジバスズカケノキ**です。

解説 街路樹は狭い街中に植えられることが多いため、標識や電線などを隠さないように、頻繁に枝を切られます。その結果、枝を広げることができず、電柱みたいな幹に短い枝が出ただけの、いびつな樹形になった木が多く見られます。本来のプラタナスは枝を大きく広げ、丸い樹形の大木になります。

葉がある時のプラタナス

庭／暖かい林／やや暖かい林／寒い林

もっとくわしく 大きな葉の街路樹

プラタナスは世界的に有名な街路樹で、日本でも昭和の頃に大通りによく植えられ、現在の街路樹本数は第12位です。葉は径20cm以上になり、秋は黄葉した落ち葉がガサガサと降り積もります。ほかに大きな葉をもつ街路樹は、**ユリノキ**、トチノキ(p.173)、モミジバフウ(p.38)、アオギリ(p.183) などがあり、葉の形と樹皮で見分けられます。

秋に鈴のような実をつける

【マメ知識】
モミジバスズカケノキはふつう2個ずつ実をぶら下げる。アメリカスズカケノキは1個ずつ、スズカケノキは3～6個ずつ。

プラタナス

(左ページ参照) 西アジア原産のスズカケノキと、北米原産のアメリカスズカケノキ、その雑種のモミジバスズカケノキ(写真)の主に3種がある。

3～5つに切れ込む。スズカケノキは切れ込みがより深く、アメリカスズカケノキはより浅い

黄葉
50%

ユリノキ 【百合の木】 落葉高木 モクレン科ユリノキ属 G1

北米原産で街路や公園に植えられ、大木になる。葉は服のような形でユニーク。花がチューリップに似ているのでチューリップトゥリーの名もある。

花は5～6月に咲く

50%

葉は4つまたは6つに裂け、先端はくぼむことが多い

樹皮は縦に溝状に裂ける

43

街の中 | 庭 | 暖かい林 | やや暖かい林 | 寒い林

Q質問 ビルの垣根で赤い花が咲いていました。ツバキでしょうか？ サザンカでしょうか？

[場所] 千葉県の街中　[木の高さ] 約2m　[撮影日] 2月

花 赤色、八重咲き、平開する
注目！

幹は白く目立つ
葉はツバキより明らかに小さい

A回答 カンツバキ【寒椿】

ふつう形＞ギザギザ＞常緑＞交互　B1

分類 ツバキ科ツバキ属の常緑小高木～低木（高さ0.5～5m）
似ている木 サザンカ、ヤブツバキ、ヒサカキなど

鑑定方法 冬によく目につく花ですね。**花は八重咲きで、色はツバキ**ですが、**花びらが平らに開く点はサザンカ**に似ています。また、**葉はサザンカに近い大きさ**のようです。このような特徴をもつのはカンツバキと呼ばれる栽培品種群です。

解説 カンツバキは、ツバキとサザンカとの雑種とする説や、サザンカの栽培品種とする説があり、広い意味ではサザンカと呼んでよいと思います。また、樹高(じゅこう)が低く枝が横に張るものをカンツバキ、この写真のように立ち上がるものをタチカンツバキ（栽培品種名：勘次郎(かんじろう)）と呼ぶ場合もあります。

花びらは1枚ずつ散る。これはサザンカと共通する特徴。幹はツバキもサザンカも白く滑らか

くらべてみよう　ツバキとサザンカの違い

ツバキ科ツバキ属の**ツバキ**（ヤブツバキ）と**サザンカ**は、よく似ているので混同されることが多い木です。しかし、花と葉をよく観察すれば、違いは比較的明快です。いずれも多くの栽培品種が作られており、赤、ピンク、白、八重咲きなど様々な花が見られます。両者の中間的な性質をもつ**カンツバキ**と合わせて、違いをくらべてみましょう。

ツバキ
【椿】常緑小高木～高木

本州以南の林によく生え、庭や公園に植えられる。原種はヤブツバキ（上写真）と呼び、日本海側のものはユキツバキと呼ぶ。花は10～4月に咲き、半開き状で、花ごと落ちる。樹高は10mにも達する。

- 先はとがる
- 葉はサザンカより明らかに大きく幅広い

サザンカ
【山茶花】常緑小高木

四国・九州・沖縄の暖かい林に生え、各地の庭や公園に植えられる。花は10～12月に咲き、花びらは平開し、1枚ずつバラバラに散る。原種の花（上写真）は白色だが、植えられるのはピンクや八重咲きの栽培品種も多い。ふつう樹高4m前後。

- 先はわずかにくぼむ
- 枝に毛が多い

カンツバキ
（左ページ参照）

各地の庭や公園に植えられ、生垣にされることが多い。花期は12～3月。低木性の栽培品種シシガシラ（獅子頭・上写真）は、樹高1m程度。タチカンツバキとも呼ばれる栽培品種カンジロウ（勘次郎・左ページ）は、樹高3～5mになる。

- 先はわずかにくぼむ
- 枝の毛は少ない

Q ウメ、モモ、スモモ、サクラの花は、どうやって見分けるのですか？

A ①花に柄(か)があるか、②芽の様子、③色、④花期(き)で見分けましょう

解説 これらはどれもバラ科で、花や樹形もよく似ていますね。右写真のような**遠景で正確に区別するのは困難**ですが、上記の4ポイントに注目して花を観察すれば、確実に見分けられます。ただし、最近は多くの栽培品種があり、花色や花期も多様になっているので要注意です。

多様な花が見られるウメ林の遠景

見分け方 まず**①花の柄の有無**を見ましょう。**ウメとモモは柄がない**ので、花が枝に密着するのに対し、**スモモとサクラ類は柄があり**、花は枝にぶら下がります。次に**②芽**を見ます。**ウメは開いた芽(芽鱗(がりん))に毛がない**のに対し、**モモは毛深い**ことが違いです。また、**モモとスモモは枝の1ヵ所に花・葉・花と3つの芽が並んで開く**ことが特徴です。**③花の色**は下に代表色を太字で示しましたが、スモモ以外は紅花、白花などの栽培品種が多いので、色だけでの区別は困難です。**④花の時期**は、ウメはふつう2〜3月と早く咲き、ウメが散る頃にモモ、スモモ、ソメイヨシノがほぼ同時に咲き始めます。

ウメ
花色：白、紅、ピンク
花期：2〜3月

芽鱗は無毛

花は無柄でふつう1個ずつつく。花びらは丸い

モモ
花色：桃(ピンク)、白、紅
花期：3月〜4月

芽鱗は毛深い

3つ並ぶ

花は無柄。花と葉の芽が3個並ぶ。ガクも毛がある

スモモ
花色：白
花期：3月〜4月

3つ並ぶ

花は有柄。花と葉の芽が3個並ぶ。ガクは緑色

サクラ類
花色：薄いピンク、白、紅
花期：3月〜4月

花は有柄。花や芽の様子は多様。写真はカンザクラ

> **もっとくわしく**
>
> ## ウメ・モモ・スモモを覚えよう　　A1
>
> **ウメ、モモ、スモモ、**サクラ類(p.14〜15、110〜111)は、葉の形でも見分けられます。樹皮はいずれも若い時は横向きのすじ(皮目)があり、やがて不規則に裂けていきます。

ウメ

【梅】落葉小高木
バラ科スモモ属

中国原産で庭や畑に植えられる。枝を強く切られ、角張った樹形になったものが多い。栽培品種が多く、花梅(花を観賞)、実梅(実を食用)、紅梅(紅花)、小梅(実が小さい)、豊後梅(実が大きい)などと呼ばれる。実は6〜7月に熟す。

葉先が長く伸びる

柄が赤くなることも多い

70%

モモ

【桃】落葉小高木
バラ科スモモ属

中国原産で庭や畑に植えられるほか、野生状のものも見られる。栽培品種が多く、花を観賞する八重咲きのものは花桃や菊桃と呼ばれる。実は7〜8月に熟す。葉は細長いので見分けやすい。

中央付近で幅が最大

柄のつけ根に小さなイボが1対ある。ウメ、スモモ、サクラ類も同じ

70%

スモモ

【酸桃・李】落葉小高木
バラ科スモモ属

中国原産で庭や畑に植えられる。実は6〜7月に熟す。英名はプラム。プルーンと呼ばれるのは別種のセイヨウスモモで、日本での栽培は少ない。赤紫の葉をつける別種のベニバスモモ(西南アジア原産)もある。

中央より先側で幅が最大

70%

Q 引越先の庭にあった木です。たくさんの細い幹に、たくさんの小さな葉がついています。

[場所] 山口県内の民家　[木の高さ] 約2m　[撮影日] 4月

樹形　細い幹が多数生えた株立ち樹形

葉の形　これで1枚の葉（大きなはね形）

注目！　光沢のある小葉が先に3枚ずつつく

A 回答　ナンテン【南天】

はね形＞なめらか＞常緑＞交互　Q1

分類　メギ科ナンテン属の常緑低木（高さ1.5～3m）

似ている木　センダンなど

鑑定方法　小さな葉（小葉）が枝先に3枚ずつついているように見えますが、これらは大きなはね形の葉の一部で、**1枚の葉は縦横40～50cmもの大きさ**になります。2回奇数羽状複葉と呼ばれる珍しい形で、落葉樹ではセンダン(p.103)やタラノキ(p.160)などで見られますが、常緑樹ではナンテンぐらいです。

解説　ナンテンは関東以西の暖地に分布し、名を「難を転じる」にかけて縁起のよい木とされ、庭木にされます。実はまっ赤で美しく、正月飾りに使われます。葉は料理の飾りに使われ、**冬はやや紅葉**します。

1枚の葉の一部分

小葉

15%

実は秋に熟し、咳止めに用いる

ほかにもあるの？ 縁起木として昔から植えられる庭木

ナンテンのように縁起がよいとされる木を縁起木といい、特に昔は庭木に好まれました。正月飾りに使われるユズリハやダイダイをはじめ、子孫繁栄のカシワ、ザクロ、長寿延命のマツ（p.155）、魔除けのヒイラギ（p.89）、商売繁盛のマンリョウ（p.100）などが代表的です。

葉は枝先に集まる

葉は光沢が強く、枝先に集まって対につく

ユズリハ【譲り葉】 D1
ユズリハ科の常緑小高木。北海道〜九州の山地に生える。枝先に若葉が生え、古い葉がたれ下がる様子を、世代を譲る様子に見立て、子孫繁栄の象徴とされる。

ザクロ【石榴】 C2
ミソハギ科の落葉小高木。中東原産。秋に熟す実に、赤い種子が多数入っていることから、世界的に子宝のシンボルとされる。

実

柄が赤く色づくことが多い

小さなギザギザがある葉もある

ギザギザは丸い

枯れ葉

カシワ【柏】 A1
ブナ科の落葉高木。北海道〜九州の山地や海辺に生える。冬も枯れ葉が枝によく残り、春まで落ちずに残るので、子孫を絶やさぬ象徴とされる。葉は柏餅に使う。

ダイダイ【橙】 D1 B1
ミカン科の常緑小高木。中国原産の栽培種。その名から先祖「代々」子孫繁栄の象徴とされる。実は食酢や正月飾りに使う。

柄にヒレ状の翼（よく）がつくのが柑橘類の特徴

実

Q 質問 最近、まっ赤な葉の生垣をよく見かけます。この木何の木ですか？

注目！ 若葉は絵に描いたようにまっ赤

若葉は二つ折りで出てくる

しばしば木全体が若葉で覆われる

[場所] 横浜市内の住宅地
[木の高さ] 約2m
[撮影日] 4月

A 回答 レッドロビン 【Red Robin】

ふつう形＞ギザギザ＞常緑＞交互 B1

[分類] バラ科カナメモチ属の常緑小高木（高さ2～5m）
[似ている木] カナメモチ、オオカナメモチ、カシ類など

[鑑定方法] **木全体が鮮やかな赤い若葉で覆われた様子**から、カナメモチ類の栽培品種であるレッドロビンと思われます。生垣は頻繁に剪定されるので、長い間若葉が見られます。よく似た**カナメモチは、葉が一回り小さく、若葉の赤色は薄め**です。

[解説] レッドロビンは、カナメモチとオオカナメモチの雑種（セイヨウカナメモチ）から作られ、生垣として近年多く植えられています。カナメモチ（要黐・別名アカメモチ）は、東海地方以西の暖かい林に生え、かつては生垣に使われましたが、最近はレッドロビンを含むセイヨウカナメモチに置き換わりました。

両者とも中央より先側で幅が最大

レッドロビン ／ カナメモチ

70%
柄が長め

カラフルな生垣、定番の生垣

ほかにもあるの？

近年生垣に増えた木には、**レッドロビン**のほかに、紅花が鮮やかな**ベニバナトキワマンサク**や、葉が細かいプリベット類(p.77)などが挙げられます。ひと昔前によく植えられたものに、カイヅカイブキ(p.63)、ヒイラギモクセイ(p.89)、オウゴンシノブヒバ(p.79)などがあり、古くからの定番といえば、**マサキ**、ウバメガシ(p.61)、シャリンバイ(p.60)、イヌツゲ(p.55)、サザンカ(p.45)、サンゴジュ(p.83)、キャラボク(p.54)、イヌマキ(p.62)などがあります。

ベニバナトキワマンサク 【紅花常磐満作】常緑低木 マンサク科トキワマンサク属 D1

中国原産で紅花をつけ、庭木や生垣として近年よく植えられる。花期は4〜5月。西日本にまれに生えるトキワマンサクは、花は白く、時に庭木にされる。

葉は薄く落葉樹のよう。葉も赤みを帯びる個体も多い

両面にザラザラした毛が生える

70%

裏

花　満開の生垣。別名アカバナトキワマンサク

マサキ 【正木・柾】常緑低木 ニシキギ科ニシキギ属 B2

日本各地の海辺に生え、生垣や庭木にされる。葉に黄色い斑が入るキンマサキや、白い斑が入るギンマサキなどの栽培品種がある。秋に赤い実がなる。

裏

明るい緑色で光沢が強い

70%

葉は対につくことが特徴

実　左はふつうのマサキ、右はキンマサキ

Q 春なのにまっ赤に紅葉している木があります。何という木でしょうか？

[場所] 神奈川県内の民家
[木の高さ] 2～3m
[撮影日] 5月

つき方
葉が枝に対についている
（カエデ属共通の特徴）

葉の形
5～7つに裂けるもみじ形
（9つ以上ならハウチワカエデ類）

◀注目！

ふち
ギザギザがあるが、細かい
（あらければイロハモミジ系やヤマモミジ系）

A ノムラモミジ【野村紅葉】

もみじ形＞ギザギザ＞落葉＞対　E2

分類 ムクロジ科カエデ属の小高木（高さ3～6m）
似ている木 イロハモミジの栽培品種など

ギザギザ（鋸歯）
裂片
若葉　50%

鑑定方法 葉は**典型的なもみじ形**で、**対につく**ので、カエデ属に限定できます。葉が5～7つに裂け、**裂片が幅広い**ので、樹種はオオモミジ(p.180)でしょう。このように**若葉が赤紫色になる**のは、ノムラモミジと呼ばれる栽培品種群が代表的です。夏は葉が緑色を帯びる「野村」、夏も赤いままの「猩々野村」などの栽培品種がありますが、厳密な区別は難しいようです。

解説 ノムラモミジは昔からある庭木で、春～初夏は本当によく目立ちます。名は「濃紫」と書く場合もあります。もともとオオモミジの若葉は赤く色づく傾向がありますが、その性質が特に強いものを選抜したのでしょう。

ほかにもあるの？ 春にまっ赤になる木

赤い葉は秋の紅葉だけでなく、春の若葉にも多く見られます。**ノムラモミジ**、**チャンチン**、**オオバベニガシワ**をはじめ、アセビ(p.81)、レッドロビン(p.50)、アカメガシワ(p.68)などの赤い若葉も目立ちます。この赤色は、日光の紫外線から身を守るサングラスのような役割があるとされ、若葉を食べる害虫にも見えにくい色といわれます。

チャンチン 【香椿】落葉高木
センダン科チャンチン属　N1　P1

中国原産で時に庭や公園などに植えられる。若葉は透き通るようなピンク色で、春は木全体がピンク色に染まり非常に目立つ。葉ははね形で、先端の小葉がないこともある。夏は緑色になる。

ギザギザはごく小さい

50% 若葉

マメ知識
チャンチンの葉はゴマのような香りがあり、中国では若葉は食用にもなる。

芽吹きの姿。すらりとした長身樹形で、樹皮は縦に裂ける

緑色になった葉

アカメガシワの葉に似ているが、切れ込みはなく、はっきりしたギザギザがある

25%

オオバベニガシワ A1

【大葉紅柏】落葉低木
トウダイグサ科アミガサギリ属

中国原産で時に庭木にされる。葉は径約20cmのハート形で、若葉は鮮やかな赤〜ピンク色に染まり、よく目立つ。夏は緑色になる。ほとんど枝分かれせず、幹だけが伸びて樹高2〜3mになる。

芽吹きの姿。ひょろりと立ち上がる樹形が独特

Q 質問 丸く刈り込まれた木で、葉はやわらかくて黄緑色です。何の木ですか？

[場所] 宮城県内の庭園
[木の高さ] 1m
[撮影日] 5月

葉がらせん状につく 注目！

黄緑色は若葉
濃い緑は去年の葉

A 回答 キャラボク【伽羅木】

はり形 > 常緑 > らせん状

分類 イチイ科イチイ属の常緑低木（高さ0.5〜3m）
似ている木 イチイ（母種）、カヤ、イヌガヤなど

鑑定方法 遠くからの写真ではわかりにくいですが、アップ写真を見ると**葉ははり形**なので針葉樹とわかります。**短め（2cm程度）の葉で、枝にらせん状についている**ので、イチイの変種キャラボクでしょう。**葉が平面的につくならイチイ**ですが、中間的な個体もあります。両者とも**葉先をさわっても痛くない**ことが特徴で、痛い場合はカヤ（p.127）です。

解説 キャラボクはイチイ（高木）の低木性の変種で、日本海側の高山に生え、各地で庭や公園に植えられます。葉が密につき、写真のように丸や四角、または盆栽風に刈り込まれることが多く、両者とも寒地ほど多く植えられています。イチイは「オンコ」「アララギ」の別名もあります。

盆栽風に仕立てられた個体

イチイの実。甘くて食べられる

ほかにも あるの？ ## きれいに刈り込まれる低木

　庭や公園では、きれいな丸や四角形に刈り込まれた低木をよく見かけます。このような仕立物は、葉が小さくて密につき、再生力の強い常緑樹が適しており、**キャラボク**以外にも、**イヌツゲ**、サツキなどのツツジ類(p.23)、**アベリア**などがよく利用されます。また、動物や幾何学的な立体形に仕立てられたものは、トピアリー(イヌツゲの写真参照)と呼ばれます。

イヌツゲ B₁
【犬柘植・犬黄楊】常緑低木
モチノキ科モチノキ属

北海道～九州の林に生え、庭や公園、街路に植えられる。生垣や盆栽樹形のほか、トピアリーにもされる。栽培品種にマメツゲ(葉が反る)やキンメツゲ(若葉が黄色)がある。

マメツゲの葉と実

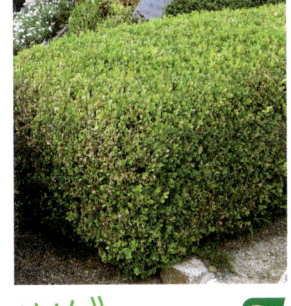

ギザギザがあり、葉は交互につく
100%

ツゲ D₂
【柘植・黄楊】常緑低木
ツゲ科ツゲ属

関東以西の岩山にまれに生え、各地で庭や公園に植えられる。イヌツゲに対し「ホンツゲ」とも呼ばれ、英名はボックスウッド。葉が広いスドウツゲ、細いクサツゲなどがある。

クサツゲの葉と花

ギザギザはなく、葉は対につく
100%

アベリア B₂ A₂
【abelia】半常緑低木
スイカズラ科ツクバネウツギ属

中国産種の園芸種で、庭や公園、街路に植えられる。葉はややまばらで、冬は半分ぐらい落葉する。花期は6～10月と長い。別名ハナゾノツクバネウツギ(花園衝羽根空木)。

花は白やピンク色

ギザギザがあり、葉は対につく
100%

街の中 / 庭 / 暖かい林 / やや暖かい林 / 寒い林

> **Q 質問** 最近、植え込みに黄色い大きな花をよく見かけます。何という花でしょうか？

[場所] さいたま市内の公園
[木の高さ] 約50cm
[撮影日] 6月上旬

ふち つき方
葉はふちにギザギザはなく、対につく。1対ごとに角度がずれてつく傾向が強い

注目！

花 花びらは開き、雄しべは短い

A 回答 ヒペリクム・ヒドコート 【Hypericum 'Hidcote'】 ふつう形＞なめらか＞常緑＞対 D2

分類 オトギリソウ科キンシバイ属の常緑低木（高さ0.5～1.5m）
似ている木 キンシバイ、ビヨウヤナギ、ヒペリクム・カリキヌムなど

鑑定方法 花びら5枚の黄色い花と、ギザギザのない細長い葉が対につく点で、キンシバイ属の木に限定できます。**花びらがよく開き、その中心に短い雄しべが集まっている**ので、ヒペリクム・ヒドコートでしょう。よく似たキンシバイ（右下写真）は花びらが半開き状で、葉が平面的につくことが違いです。同属のビヨウヤナギやヒペリクム・カリキヌムは、雄しべが長いので区別できます。

解説 「ヒペリクム」はキンシバイ属の学名で、「ヒドコート」は栽培品種名です。人工的に作られた雑種で、「大輪錦糸梅（たいりんきんしばい）」と呼ばれることもあります。近年流行で、公園や街路、庭によく植えられています。

若い枝は赤い
60%
裏
常緑樹にしては薄くやわらかい質感

キンシバイの花は半開きで小型

ほかにもあるの？ よく目立つ黄色い花の木

黄色い花は、早春から初夏にかけて多く見られます。花びらが大きく、花らしい形をしているのが、**キンシバイ属の木**や**オウバイ類**、**レンギョウ類**、**ロウバイ**などで、ヤマブキ(p.117)やエニシダの花も鮮やかです。花が小さなものには、112～113ページに掲載したサンシュユ、クロモジ属の木、キブシ、トサミズキなどがあります。

ビヨウヤナギ 【美容柳】半常緑低木 オトギリソウ科キンシバイ属 D2 C2

中国原産で庭や公園に植えられる。6～7月に黄色い花を咲かす。雄しべは長く、花びらはやや細い。葉はヒペリクム・ヒドコートより大きく、ヤナギ類の葉に似ている。

花は径5～6cmほど

60%

キンシバイ属の葉は柄がほとんどない

オウバイ 【黄梅】落葉低木 モクセイ科ソケイ属 J2

中国原産で庭に植えられ、枝が垂れた樹形。2～5月に花をつける。落葉樹のオウバイ(花びら5～6枚)と常緑樹のウンナンオウバイ(同6～10枚)があり、最近は後者が多い。

ウンナンオウバイの花

オウバイの葉

60%

ギザギザはない

ウンナンオウバイの葉

レンギョウ 【連翹】落葉低木 モクセイ科レンギョウ属 A2

中国～朝鮮半島原産で庭や公園に植えられる。3～4月に4つに裂けた黄花をつける。正確にはレンギョウ、シナレンギョウ、チョウセンレンギョウの3種類があり、雑種もある。

シナレンギョウの花

先の方にギザギザが少数ある

60%

シナレンギョウの葉

ロウバイ 【蠟梅】落葉低木 ロウバイ科ロウバイ属 C2

中国原産で庭木にされる。花は12月頃から咲き始め、正月飾りにも使われる。花の芯が赤いものが狭義のロウバイ、黄色いものはソシンロウバイと呼ばれ、後者の方が多い。

ソシンロウバイの花

表面はひどくざらつく

40%

Q 質問
オシャレな店先にあった、葉が細かくて爽やかな木です。庭木にほしいと思っています。

[場所] 東京都原宿の美容室　[木の高さ] 約3m　[撮影日] 6月

注目!
光沢が強いので常緑樹

葉の形
これだけで1枚のはね形の葉。小葉は4〜7対

ふち
波打つ場合はあるが、ギザギザはふつうない

つき方
はね形の葉が対につく

A 回答　シマトネリコ【島梣】

はね形 > なめらか／ギザギザ > 常緑 > 対

分類 モクセイ科トネリコ属の常緑小高木（高さ4〜12m）
似ている木 アオダモ、マルバアオダモ、トネリコ、ゴンズイなど

鑑定方法 最近あちこちで見かける人気の木ですね。**小さな葉（小葉）がはね状に並び、1枚の葉を構成している**（羽状複葉）のがわかりますか。一見、落葉樹のような軽やかさがありますが、光沢が強いので常緑樹です。羽状複葉の常緑樹はわずかしかないので、シマトネリコとわかります。写真では確認しにくいですが、**羽状複葉が対につくこともトネリコ属の特徴**です。

解説「島」は南の島の意味で、沖縄や台湾原産の木ですが、明るい常緑樹として近年大ブームになり、関東以西の暖地で多く植えられるようになりました。なお、別種のトネリコは北日本で時に植えられる落葉高木です。

もっとくわしく 大ブームの庭木

　シマトネリコは、常緑樹でありながら軽やかで明るい印象がある庭木として大ブームになり、2000年前後から商業施設や新興住宅で多く植えられるようになりました。以前は観葉植物として鑑賞されていましたが、近年は温暖化の影響もあり、東京周辺でも屋外で冬を越せるようになったようです。同じトネリコ属の落葉樹の**アオダモ**も近年庭木にされるほか、軽やかな常緑樹としては**ハイノキ**も人気を集めつつあります。

成木は樹皮がはがれる

細かい白花が初夏に咲く

満開の街路樹。街路樹は西日本に多い

アオダモ 【青梻】落葉小高木 モクセイ科トネリコ属 N2

北海道〜九州の寒い林に生える。小葉（しょうよう）は2〜3対と少ない。名は枝を水につけると青くなるためで、木材はバットの原料として有名。別名コバノトネリコ。やや暖かい林にはよく似たマルバアオダモ(p.157)が分布し、いずれも近年、時に庭木にされるようになった。

晩春に白くて涼しげな穂状の花をつける

ハイノキ 【灰の木】常緑小高木 ハイノキ科ハイノキ属 B1

近畿地方〜九州の山地に時に生える。葉はモチノキ(p.98)のようにのっぺりしているが、ふちに波状の独特のギザギザがある。常緑樹にしては明るい雰囲気があり、近年庭木として注目されるようになった。灰を染め物の媒染剤（せんざい）（はい）に使うことが名の由来。

晩春に白くて清楚な花をまばらにつける

街の中 / 庭 / 暖かい林 / やや暖かい林 / 寒い林

Q 質問
マンションの生垣に、葉が枝先に集まった木があります。この木何の木ですか？

[場所] 東京都内の集合住宅　[木の高さ] 約2m　[撮影日] 7月

この木はサツキ

つき方 枝先に集まって（交互に）つく

日なたの葉は柄が赤い

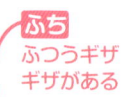

ふち ふつうギザギザがある

A 回答 シャリンバイ【車輪梅】

ふつう形 ＞ ギザギザなめらか ＞ 常緑 ＞ 交互　B1　D1

分類 バラ科シャリンバイ属の常緑低木（高さ0.5〜3m）

似ている木 ウバメガシ、トベラ、モッコク、マサキなど

鑑定方法 このように枝先に葉がぐるりと集まってつく常緑樹は、生垣や庭木に多く見られます。この木は、葉の柄（葉柄）が赤く色づき、葉のふちにギザギザ（鋸歯）があるので、シャリンバイとわかります。時にギザギザがない個体もありますが、裏面の網目模様（右ページ）で見分けられます。

解説 シャリンバイは本州以南の海辺の林に生え、生垣として庭や公園、道路沿いに植えられます。葉が車輪状につき、花がウメに似ることが名の由来です。秋に径約1cmの黒紫色の実がなります。

花は白色で5月頃に咲く

車輪状につく葉

ほかにもあるの？

枝先に葉が車輪状（輪生状）につく常緑の木々は、よく混同されやすい木の代表例です。ギザギザの有無や柄の色、葉裏の色などを確認すると見分けられます。

— 小さなギザギザがある

— 柄に毛が生える

裏

80%

ウバメガシ【姥目樫】 B1

ブナ科の常緑小高木。関東以西の乾燥した海辺に生え、生垣や庭木にされる。ドングリがなる。

シャリンバイ

（左ページ参照）
葉の裏面は細かい網目模様が目立つ。

裏

80%

マメ知識
ギザギザがない個体はマルバシャリンバイと呼ばれ、葉の丸みが強く、樹高が低い。

トベラ【扉】 D1

トベラ科の常緑低木。本州以南の海辺に生え、生垣にされる。初夏に白花が咲く。

ギザギザはなく、ふちが裏側に巻く

葉はへら形でギザギザはない

80%

柄は赤い

中央の白いすじが目立つ

80%

モッコク【木斛】 D1

サカキ科の常緑小高木。関東以西の暖かい林に生え、庭木にされる。秋に赤い実がなる。

| 街の中 | 庭 | 暖かい林 | やや暖かい林 | 寒い林 |

Q 質問
細長い葉が密集した、盆栽のような樹形の庭木をよく見ます。この木は何ですか？

[場所] 神奈川県内の民家
[木の高さ] 3m程度
[撮影日] 7月

注目！ マツより明らかに幅広い葉

※この木はラカンマキのように見えるが、総称でイヌマキと呼んでもよい。

幹　白っぽくて縦に細かく裂ける

実　秋に熟し、赤〜紫色の部分は食べられる

A 回答　イヌマキ【犬槇】

はり形 ＞ 常緑 ＞ らせん状

分類 マキ科マキ属の常緑高木（高さ5〜20m）
似ている木 マツ類、イチイ、コウヤマキなど

鑑定方法 ツンツンとがった葉なので、**針葉樹**とわかりますね。一見マツ類に似ていますが、**マツにしては幅広くて平たい葉**なので、イヌマキとわかります。葉の長さは本来10cm前後ですが、庭木にされるのは葉が短い変種のラカンマキが多いようです。

解説 イヌマキは関東以西の海辺の林に生え、庭木や生垣にされます。写真のように、家の門にかぶるように仕立てられたものを「門冠（もんかぶり）」の木といい、マツ類やイヌマキがよく使われます。「マキ」とも呼ばれますが、「犬」は劣るという意味で、コウヤマキ（高野槇・コウヤマキ科）を「本マキ」と呼ぶことがあります。

イヌマキの葉

両者とも葉先にふれても痛くない

ラカンマキの葉　80%

ほかにもあるの？ 盆栽風に仕立てられた庭木

イヌマキ以外にも、盆栽風の樹形に仕立てられる庭木はいろいろあります。針葉樹では**クロマツ**、**ゴヨウマツ**、**カイヅカイブキ**、キャラボク(p.54)、オウゴンヒヨクヒバ(p.79)など、広葉樹ではイヌツゲ(p.55)、ヒイラギ(p.89)、**モチノキ**などが代表的です。

カイヅカイブキ
【貝塚伊吹】常緑小高木
ヒノキ科ビャクシン属

海辺に生えるイブキ(別名ビャクシン)の栽培品種で、庭木や生垣、公園樹にされる。自然樹形は炎のように旋回した形。葉はうろこ形だが、刈り込むとはり形の葉も出る。

葉は小さなうろこ状。表裏の区別はない

はり形の葉

100%

ゴヨウマツ
【五葉松】常緑高木～低木
マツ科マツ属

北海道～九州の深山にまれに生える。庭木や盆栽にされる。成長が非常に遅いため、低木状のものが多い。葉が5本ずつつくことが名の由来。別名ヒメコマツ(姫小松)。

葉の側面が白いので、木全体が青白く見える

100%

5本ずつ束になって枝につく。アカマツやクロマツは2本ずつ

クロマツ
【黒松】常緑高木
マツ科マツ属

日本庭園の中心的存在で、古くから庭木にされる。アカマツも同様に庭木にされる。葉はp.155。

モチノキ
【黐の木】常緑小高木
モチノキ科モチノキ属

昔ながらの庭木で、特に関東に多い。西日本ではクロガネモチ(p.36)の仕立物もよく見られる。葉はp.98。

街の中 / 庭 / 暖かい林 / やや暖かい林 / 寒い林

Q 質問 真夏にきれいな花が咲いて目立つ木があります。細い枝が下からたくさん出ています。

[場所] 福岡県内の畑のわき　[木の高さ] 2m　[撮影日] 7月

注目! 樹形
花がなくても、ホウキ形の樹形でムクゲと推測できる

葉は5cm前後で小さい

花
花びらはピンクや白で、中心は赤い花が多い

A 回答 ムクゲ【木槿】

もみじ形／ふつう形 ＞ ギザギザ ＞ 落葉 ＞ 交互　E1　A1

分類 アオイ科フヨウ属の落葉低木（高さ2～4m）
似ている木 フヨウ、ハイビスカスなど

鑑定方法 特有のホウキ形の樹形に、ピンクの**大きな花が咲いている**様子から、ムクゲと推測できます。**葉はひし形状で、ごく浅く3つに裂けます**。よく似たフヨウは、葉がかなり大きいので区別できます。そもそも、**真夏に咲く花木は数少ない**ので、近くで観察すれば区別は簡単です。

解説 ムクゲは中国原産とされ、庭や公園、街路に植えられます。ハイビスカス（熱帯の常緑樹）と同じ仲間で栽培品種が多く、7～9月にハイビスカスに似たピンクや白、八重咲きなどの花をつけます。

ひし形状の葉

70%

切れ込みが深い葉

ほかにもあるの？ 真夏に咲く花木

真夏、特に8月に花を咲かせる木は少ないので、この季節の花はよく目立ちます。庭や公園の木では**ムクゲ**、**フヨウ**、**ノウゼンカズラ**、**キョウチクトウ**、**サルスベリ**など、野生の木ではノリウツギ(p.163)、リョウブ(p.174)、タラノキ(p.160)、ヌルデ(p.132)などが代表的です。

フヨウ 【芙蓉】落葉低木 アオイ科フヨウ属 E1

中国原産といわれ、庭や公園に植えられる。花は7〜10月に咲き、ピンクや白色。八重咲き品種のスイフヨウ(酔芙蓉)は花が大きく、白からピンクへと色が変わる。

花はムクゲに似る。葉は径約15cmで、5つに裂ける

ノウゼンカズラ 【凌霄花】落葉つる性樹木 ノウゼンカズラ科ノウゼンカズラ属 N2

中国原産で庭木にされる。花は7〜8月に咲き、オレンジ色で非常に目立つ。つるはヒゲ状の気根(きこん)を出して壁などによじ登る。同属のアメリカノウゼンカズラの花は筒状部が長い。

葉ははね形で対につくので、葉だけでも見分けやすい

キョウチクトウ 【夾竹桃】常緑低木 キョウチクトウ科キョウチクトウ属 D2

インド〜地中海周辺の原産で、庭や公園、街路に植えられる。花は6〜9月に咲き、濃いピンクや白色が多く、八重咲きの栽培品種もある。有毒樹木なので口にしないよう注意。

白花。葉は竹のように細長く、1ヵ所に3枚つく(三輪生)

サルスベリ 【猿滑・百日紅】落葉小高木 ミソハギ科サルスベリ属 C1 C2

中国原産で庭や公園、街路に植えられる。花は7〜10月に咲き、色はピンクが多く、白もある。100日ぐらい紅花を咲かすことから百日紅(ひゃくじつこう)の別名もある。幹や葉はp.175参照。

花びらは細かく縮れる。葉は5cmほどの卵形

Q 質問 住宅街を歩いていると、いい花の香りがただよってきました。何の花でしょうか？

A 回答 キンモクセイ、ジンチョウゲ、クチナシが、三大香木と呼ばれています。

解説 香りに引きつけられるのは、虫だけでなく人間も同じですね。花の香りが強い木として特に有名なのは、**初秋のキンモクセイ**でしょう。9月後半〜10月、ひんやりとした秋の空気を感じ始める頃に、プ〜ンと強い香りを周囲にただよわせます。この花を漬け込んだお酒が、中国の桂花陳酒です。

キンモクセイ以外には、**早春のジンチョウゲ**、**初夏のクチナシ**も同様に強い香りを放ち、これら3種を三大香木と呼ぶこともあります（右ページ）。このほか、**ロウバイ**(p.57)、**ウメ**(p.47)、**モクレン類**(p.13)、**オガタマノキ類**(p.87)、**ジャスミン類**(p.71)、**テイカカズラ**(p.125)などの花も香りが強いことで知られます。

キンモクセイの花(9〜10月) ／ ジンチョウゲの紅花(2〜4月) ／ クチナシの花(6〜7月)

見つけ方 香りの元がわからない場合、その季節に咲く花に候補を絞り、周囲を探してみましょう。**香りを放つ花は、虫が花粉を運ぶ虫媒花**なので、ある程度目立つ姿をしており、夜間に香りでガを呼ぶ花も多いため、ガに見えやすい**白色が多い傾向**があります。上述の三大香木は、庭木としてかなりふつうに植えられています。葉や樹形は右ページをご覧ください。

もっとくわしく　三大香木と呼ばれる庭木を覚えよう

キンモクセイ
【金木犀】常緑小高木
モクセイ科モクセイ属　D2　B2

中国原産で庭や公園、街路に植えられる。ふつう樹高2～3mで、生垣にされたり丸く刈り込まれることも多い。樹皮は白っぽく、ひし形状の黒い模様がある。よく似たギンモクセイは花が白色、ウスギモクセイは薄い黄色。

ふつうギザギザはないが、時に少数ある

70%

葉はかたく、ゴワゴワした印象。ギンモクセイはより幅広く、ギザギザがある

ジンチョウゲ
【沈丁花】常緑低木
ジンチョウゲ科ジンチョウゲ属　D1

中国原産で庭や公園に植えられる。樹高1m程度の丸い樹形が多い。花は薄い紅色と白色があり、葉に白い縁取りが入る栽培品種もよく植えられている。名は、香りが強い木として知られる沈香（じんこう）と丁字（ちょうじ）に由来する。

しっとりした独特の質感

70%

葉は枝先に集まってつく

クチナシ
【梔子】常緑低木
アカネ科クチナシ属　D2

東海地方以西の暖かい林に生え、関東以西で庭や公園に植えられる。樹高はふつう1～2mで、生垣にもされる。実は橙色で口が開かず（名の由来）、黄色の着色料に使われる。八重咲きの栽培品種が多く、ガーデニアとも呼ばれる。

70%

枝先の芽はとがる

平行に並ぶすじが目立つ

67

Q 質問
庭の隅に生えてきた大きな葉の木です。切るか残すか悩んでいます。何の木でしょうか?

[場所] 東京都三鷹市の住宅街
[木の高さ] 50cm
[撮影日] 10月

注目!

若葉の芽が赤い

つき方 交互につく

ふち なめらか、波状のギザギザがある

柄は赤く長い

ここに蜜腺2個があり、アリが集まる

200% 蜜腺 蜜腺

葉の形 葉は浅く3つに裂ける。2つに裂ける葉や、裂けない葉もある

A 回答
アカメガシワ【赤芽柏】

もみじ形・ふつう形 > なめらか・ギザギザ > 落葉 > 交互　G1　E1　C1

分類 トウダイグサ科アカメガシワ属の小高木(高さ3〜12m)

似ている木 キリ、イイギリ、クサギ、ウリハダカエデなど

鑑定方法 ①葉は大きく(径15cm前後)、②浅く3つに裂ける形が多く、③枝先に赤い芽(若葉)があり、④柄(葉柄)が赤くて長いことから、アカメガシワとわかります。なお、成長とともに裂けた葉は減り、大きな成木では裂けない葉ばかりになります。

解説 アカメガシワは本州以南に分布し、明るい場所に最初に生えることからパイオニアツリー(先駆樹木)と呼ばれ、庭先や道ばたにもよく生えてきます。花や実は地味で、成長が速くてすぐ大きくなるので、庭木にはされず雑草のように扱われる木です。

若葉は赤い毛をかぶっている

どんな実がなるの？ 大きな葉の幼木

アカメガシワは若芽が赤く、カシワ(p.49)のように葉が大きいことが名の由来です。大きな葉は光合成が盛んにできるので、成長が速い木に多く見られます。クサギ、キリ、イイギリも大きな葉をもち、アカメガシワと似た環境で幼木が見られます。葉のつき方、切れ込みの有無などで見分けられますが、幼木と成木で葉の形がやや異なるので要注意です。アカメガシワ、クサギ、イイギリのタネは鳥が運び、キリは風によって運ばれます。

アカメガシワの実

黄葉したアカメガシワの成木

クサギ 【臭木】落葉小高木 シソ科クサギ属 C2 A2

日本各地の明るい林のわきやブによく生える。秋に2色の実が熟し、鳥がよくタネを運ぶ。葉に切れ込みはなく、対につく。幼木の葉はふちにギザギザがあることが多いが、成木にはない。名は葉をもむと臭いため。葉はp.131参照。

幼木。葉が対につく

実は星形の赤いガクが独特

キリ 【桐】落葉高木 キリ科キリ属 G2 E2 C2

中国原産で畑や庭に植えられる。タネが飛んで野生化し、空き地や建物のわきに生えることも多い。葉は大型で、若い木では時に径50cm以上になる。幼木の葉は浅く3～5つに裂け、ふちにギザギザがあることが多い。花は紫色で初夏に咲く。

幼木の葉は3～5つの角がある

実は裂けて小さなタネを飛ばす

イイギリ 【飯桐】落葉高木 ヤナギ科イイギリ属 A1

本州以南の低山に分布。実はナンテン(p.48)に似てまっ赤で美しく、時に公園にも植えられる。葉に長い柄(葉柄)があり、一見アカメガシワに似るが、葉に切れ込みはなく、ふちにはっきりしたギザギザがあることが区別点。

成木も幼木も切れ込みはない

秋～冬に赤い実をぶら下げる

Q 質問 イングリッシュガーデンにあった、赤い紅葉がきれいな低木です。何の木でしょう?

[場所] 山口県柳井市の公園
[木の高さ] 約1.5m　[撮影日] 11月

- 紅葉は赤系で鮮やか
- 柄がほとんどない
- ふち　ギザギザはないか、ごく小さい
- つやがある
- 注目!

A 回答 ブルーベリー 【blueberry】

ふつう形 ＞ なめらか／ギザギザ ＞ 落葉 ＞ 交互　C1　A1

分類 ツツジ科スノキ属の落葉低木（高さ1〜2m）
似ている木 ナツハゼ、スノキ、コバノズイナなど

微細なギザギザがある品種もある

鑑定方法 葉が交互につく落葉樹で、一見何の変哲もなく見えますが、**柄（葉柄）がきわめて短い**ことが大きな特徴です。これはツツジ科スノキ属の特徴で、**ふちにギザギザがほとんどなく、表面にやや光沢感があること、紅葉が鮮やかなこと**から、ブルーベリーと鑑定できます。

80%

解説 ブルーベリーは北米原産のスノキ属数種の総称で、ハイブッシュ系やラビットアイ系の栽培品種があります。近年の流行で洋風の庭や畑に植えられることが増えました。日本に自生するシャシャンボ(p.127)やナツハゼ(p.141)も同じスノキ属です。

実は初夏〜夏に熟し、美味

街の中 / 庭 / 暖かい林 / やや暖かい林 / 寒い林

> ほかにも あるの？

今時の洋風ガーデンでよく見る木

1990年代後半、雑誌で紹介されたイングリッシュガーデン（英国式庭園）を発端にガーデニングブームが広がり、目新しい庭木が次々増えました。代表的なものがハナミズキ（p.16）、アカシア類（p.76）、シマトネリコ（p.58）、コニファー類（p.78）、**ブルーベリー**、**ジューンベリー**、**ハゴロモジャスミン**、**ローズマリー**などで、**リキュウバイ**などの珍しい木も増えています。

ジューンベリー 【juneberry】落葉小高木 バラ科ザイフリボク属 A1

北米原産で庭木にされる。6月に甘い実をつけることが名の由来。春に白花をつけ、秋の紅葉も鮮やか。日本産のザイフリボク（采振木）にそっくりで、別名アメリカザイフリボク。

ややあらい ギザギザ

50%

実は赤から黒紫色に熟す

ハゴロモジャスミン 【羽衣jasmine】常緑つる性樹木 モクセイ科ソケイ属 Q2

中国原産で庭木にされ、フェンスや生垣によくからませる。花は香りが強い。ジャスミンはソケイ属の総称で、ジャスミンティーに使われるのもこの仲間の花。

はね形の葉が 対につくので 見分けやすい

50%

4〜5月に白花をつける

ローズマリー 【rosemary】常緑低木 シソ科マンネンロウ属 U D2

地中海沿岸原産で、ハーブや庭木として植えられる。樹高1m前後。細長い葉が集まって対につき、針葉樹のようにも見えるが広葉樹。和名はマンネンロウ（迷迭香）。

指でつまむと 強い芳香がある

60%

花は薄青色で4〜6月に咲く

リキュウバイ 【利休梅】落葉低木 バラ科リキュウバイ属 C1 A1

中国原産で、時に庭や公園に植えられる。5〜6月に白い清楚な花をつけ、実は星形。葉はギザギザがない葉とある葉が混在する。別名マルバヤナギザクラ（丸葉柳桜）。

先にギザ ギザがあ る葉も

70%

花やつぼみの形が特徴的

Q 3つに裂ける葉と、裂けない葉が交じった木があります。何の木ですか?

樹形 逆三角形状にまとまる

[場所] 東京都内のビルのわき
[木の高さ] 2m　[撮影日] 12月

注目！
葉の形 常緑樹で3裂する葉は珍しい

2裂の葉もある

成木になるほど裂けない葉が増える

A 回答　カクレミノ【隠れ蓑】

もみじ形　＞なめらか＞常緑＞交互
ふつう形

分類 ウコギ科カクレミノ属の常緑小高木（高さ3～8m）
似ている木 シロモジ、ダンコウバイ、トウカエデ、フウなど

鑑定方法 光沢のある色の濃い葉なので、常緑樹ですね。**きれいに3つに裂ける葉は、常緑樹ではカクレミノぐらいです。若い木ほど裂ける葉が多く、大きな木では裂けない葉ばかり**になります。落葉樹ならシロモジやダンコウバイの葉が似ていますが、これらはほとんど植えられません。

解説 カクレミノは関東以西の海に近い林に生えます。日陰でもよく育つので、北側の庭や、建物と建物の間によく植えられています。名は、樹形が「隠れ蓑」に似ることに由来します。

幼木の葉は深く切れ込む

ほかにもあるの？ きれいに3つに裂ける葉

カクレミノに似てきれいに3裂する葉には、落葉樹の**シロモジ**、**ダンコウバイ**、**カンボク**、トウカエデ(p.32)、フウ(p.33)などがあります。このうちシロモジとダンコウバイは、裂けない葉もしばしば交じります。

テマリカンボクの花

常緑樹なので光沢が強く厚い

カクレミノ
（左ページ参照）

カンボク【肝木】 E₂

本州以北の湿った場所に生える。玉状の白花をつける品種テマリカンボクが時に庭木にされる。

不規則なギザギザがある

このページの葉はすべて70%

シロモジ【白文字】 G₁ C₁

中部〜九州の山地に生える。花はダンコウバイに似る。秋に黄葉する。

葉先はやや丸い

黄葉

花

ダンコウバイ【檀香梅】 G₁ C₁

関東〜九州の山地に生える。早春に黄色い花をつけ、秋は美しく黄葉する。

ポケット状のくぼみ

Q 質問
庭木を調べています。5cmぐらいの細長い葉で、トゲがあります。何の木でしょうか？

葉の形 ふち ギザギザがあり葉が細いので、カザンデマリか

[場所] 愛媛県
[木の高さ] 1m
[撮影日] 12月

← 注目! 枝先はトゲになることが多い

注目!

つき方 束状につく

A 回答 ピラカンサ 【Pyracantha】

ふつう形 > ギザギザ / なめらか > 常緑 > 交互 B1 D1

分類 バラ科トキワサンザシ属の常緑低木（高さ2〜4m）
似ている木 コトネアスター類、ボケ、ザクロなど

鑑定方法 細長い常緑の葉が束になり、トゲもあるので、ピラカンサと思われます。ボケやザクロ、メギもトゲがありますが、これらは落葉樹です。ピラカンサと呼ばれるのは、**葉にギザギザのあるトキワサンザシ**（常磐山査子）**とカザンデマリ**（花山手毬・別名ヒマラヤトキワサンザシ）、**ギザギザのないタチバナモドキ**（橘擬）の3種で、前二者は雑種もあり区別困難です。実の雰囲気が似るコトネアスター類（時に庭木）はトゲがありません。

解説 ピラカンサは西アジア〜中国原産で、庭木にされます。実つきがよく、野生化もしています。

実は秋に赤く熟す。ただし、タチバナモドキはふつう橙色

なめらか タチバナモドキ
カザンデマリ
ギザギザ

マメ知識 トキワサンザシの葉は、カザンデマリより幅が広め

80%

ほかにもあるの？ 定番の庭木を葉っぱで見分けよう

ピラカンサは秋〜冬にびっしりつく実が美しく、実を鑑賞する庭木の代表ですが、葉だけだと見分けられない人も多いようです。花木として知られる以下の庭木4種も、葉だけで見分けられるでしょうか？ 花や実がつくのは一時期だけなので、ぜひ葉も覚えて下さい。

ボケ 【木瓜】落葉低木 バラ科ボケ属 A1

中国原産で庭木や盆栽にされる。3〜4月に花をつける。枝を強く刈り込まれたいびつな樹形が多い。葉は束状につく傾向が強く、基部に半円形の托葉（たくよう）がつくことも多い。

花は朱色・ピンク・白など
60%
枝先はトゲになる
托葉

ユキヤナギ 【雪柳】落葉低木 バラ科シモツケ属 A1

本州〜九州の川岸にまれに生え、庭や公園によく植えられる。葉は小さくて細長く、枝はヤナギのように長く枝垂れる。よく似たコデマリやシジミバナの葉は、より幅広い。

ギザギザがある
春に雪のような白花をつける
80%

ハギ 【萩】落葉低木 マメ科ハギ属 J1

ハギ類は複数種があり、みつば形の葉が特徴。庭や公園によく植えられるのは、ミヤギノハギ、ヤマハギ、シロバナハギなどがあるが、葉だけでの区別は難しい。花は赤紫色や白色。

細い幹が多数出る株立ち樹形
80%
ミヤギノハギの葉

アジサイ 【紫陽花】落葉低木 アジサイ科アジサイ属 A2

多くの栽培品種があり、庭や公園に植えられる。原種は関東南部に生えるガクアジサイだが、ヤマアジサイ（p163）との雑種もある。葉は肉厚で大きく、対につくことが特徴。

花は6〜7月に咲き色は多様
光沢がある
40%

Q 質問 近所の庭に、青白くて小さな葉がびっしりついた木があります。外国の木でしょうか？

[場所] 川崎市の住宅街
[木の高さ] 4m
[撮影日] 12月

葉の形｜つき方
小型のはね形の葉が、枝にらせん状につく

→注目！

[マメ知識]
近年、オーストラリア原産で青白い葉のアカシア類やユーカリ類が庭木に増えている。ヤナギバアカシア、サンカクバアカシア、ギンマルバユーカリなど、葉の形も変わったものが多い。

A 回答 ギンヨウアカシア【銀葉acacia】　はね形＞なめらか＞常緑＞交互　Q1

[分類] マメ科アカシア属の常緑小高木（高さ3～8m）
[似ている木] フサアカシア、モリシマアカシア、ユーカリ類、オリーブなど

[鑑定方法] 近年のガーデニングブームで、異国情緒ただよう青白い葉の木が増えています。この木は、**葉が非常に細かいのでアカシア類**とまず推測できます。よく見ると、**葉は10cm弱の小型のはね形**なので、ギンヨウアカシアとわかります。よく似た**フサアカシアは、長さが2倍以上あるはね形**なので区別できます。

[解説] ギンヨウアカシアとフサアカシアはともにオーストラリア原産で庭木にされ、「ミモザ」とも呼ばれています。なお、「ニセアカシア」の別名があるハリエンジュ(p.25)は属が異なります。

小葉（しょうよう）
羽片（うへん）
80%

全体で1枚の葉。小葉が8～25対並んだ羽片が、4～8対つく

街の中／庭／暖かい林／やや暖かい林／寒い林

どんな花が咲くの？ 春を告げるアカシア

　アカシア類はオーストラリアを中心に数百種があります。日本でよく植えられるのはギンヨウアカシアとフサアカシアで、いずれも青白い葉で2～4月に黄色い花をつけよく目立ちます。**オリーブ、シルバープリベット**、コニファー類(p.79)なども青白い葉をつけ、近年よく庭木にされます。

ギンヨウアカシアの花

花期は木全体が黄色く染まる

フサアカシア
【房 acacia】常緑高木
マメ科アカシア属　Q1

オーストラリア原産で庭や公園に植えられる。花は黄色。よく似たモリシマアカシアは葉の色が濃く、花は白色。

小葉は20～40対、羽片は9～25対ある

70%

オリーブ
【olive】常緑小高木
モクセイ科オリーブ属　D2

地中海東部原産で洋風の庭木や鉢植えにされる。果実は秋に熟し食用。葉が細くて青白いので、アカシア類に似た雰囲気がある。ガーデニングブームで見かける機会が増えた。

細長い葉が対につくので見分けやすい

裏

80%

オリーブの実

シルバープリベット
【silver privet】常緑低木
モクセイ科イボタノキ属　D2

中国原産種の栽培品種で、近年庭木や生垣にされる。葉が青白く、白い模様(斑)が入る。花や樹形は日本産のイボタノキ(p.115)に似る。プリベットはイボタノキ類の英名。

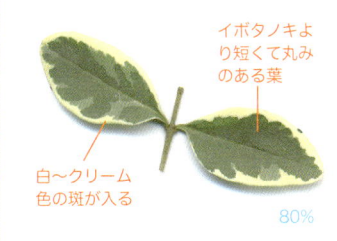

イボタノキより短くて丸みのある葉

白～クリーム色の斑が入る

80%

77

街の中 / 庭 / 暖かい林 / やや暖かい林 / 寒い林

Q 質問 鮮やかな黄緑色のとがった木があります。コニファーの類でしょうか？

[場所] 山口県内の民家
[木の高さ] 4m
[撮影日] 1月

注目！
樹形 スマートな三角形
葉色 蛍光色のような黄緑色。冬は黄色が強くなる
葉の形 短いはり形か、うろこ形。

A 回答 ゴールドクレスト【Goldcrest】

はり形・うろこ形＞常緑＞たば状 U V

分類 ヒノキ科イトスギ属の常緑小高木（高さ1～10m）
似ている木 オウゴンシノブヒバ、コノテガシワなど

鑑定方法 ロケットのようなスマートな三角樹形で、葉色が鮮やかなので、いわゆるコニファー（針葉樹の栽培品種の総称）の類とわかります。**葉は蛍光色のような鮮やかな黄緑色で、はり形とうろこ形の中間的な形**であることから、モントレーイトスギの栽培品種、ゴールドクレストと鑑定できます。

解説 ゴールドクレストはコニファーブームの先駆けといえる代表的な品種で、クリスマス用の鉢植えとして人気が高まり、庭先にも植えられてきました。それが大きくなったものを現在よく見かけます。

若木の鉢植え

ちぎると山椒に似た香りがある

100%

ほかにもあるの？ 葉色が美しいコニファーの仲間

コニファー(conifer)とは、本来はマツやスギも含む針葉樹全般を指す英語ですが、日本では一般に、近年欧米で作られた針葉樹の栽培品種全般を指し、洋風の庭や公園によく植えられています。その多くは、黄金色や青白い葉色が美しく、三角樹形の小高木〜低木の常緑樹です。以下の6種類をはじめとしたヒノキ科が中心で、一般には栽培品種名で呼ばれています。葉はうろこ形や、小さなはり形のものが多く見られます。

コノテガシワ
【児手柏】ヒノキ科コノテガシワ属。中国原産。葉は縦方向につき、表裏の区別がない。代表品種にエレガンティシマ(写真)、オウゴンコノテなど。

ニオイヒバ
【匂桧葉】ヒノキ科クロベ属。北米原産。葉は横方向にもつき、ちぎると香りがある。代表品種にスマラグド(写真)、ヨーロッパゴールドなど。

コロラドビャクシン
【Colorado柏槙】ヒノキ科ビャクシン属。北米原産。葉は青白いものが多く、枝に立体的につく。代表品種にブルーエンジェル、ブルーヘブンなど。

レイランドヒノキ
【Leyland桧】ヒノキ科レイランドヒノキ属。モントレーイトスギとアラスカヒノキの雑種。葉はヒノキに似るが裏面の白い線(気孔線)は目立たない。

オウゴンシノブヒバ
【黄金忍桧葉】ヒノキ科ヒノキ属。サワラ(p.109)の栽培品種で、古くから生垣などにされる。葉先が黄色い。別名ニッコウヒバ、プルモーサオーレア。

オウゴンヒヨクヒバ
【黄金比翼桧葉】ヒノキ科ヒノキ属。サワラ(p.109)の栽培品種で、古くから庭木にされる。葉先が糸状に垂れる。別名イトヒバ、フィリフェラオーレア。

Q 質問 まるでキノコが生えたような、変わった若葉の木がありました。何の木ですか？

[場所] 東京都区内の斜面林
[木の高さ] 5mぐらい
[撮影日] 4月

つき方 葉は枝先に集まってつく。間近で見たら交互についている

葉の裏は白い

若葉はフサフサした毛に覆われる。葉が大きくなるにつれ毛はなくなる

A 回答 シロダモ【白だも】

ふつう形＞なめらか＞常緑＞交互 D1

分類 クスノキ科シロダモ属の常緑高木（高さ8〜15m）
似ている木 クスノキ、ヤブニッケイ、ニッケイ、イヌガシなど

鑑定方法 ユニークな若葉で知られるシロダモですね。**若葉は白〜金色の毛で覆われ、枝先にひょこっと顔を出す姿が独特**なので、この季節は一目で見分けられます。この様子から「ウサギの耳」の呼び名もあります。若葉以外の季節は、①**葉に3本のすじ**(葉脈)**が目立つこと**、②**裏面が白いこと**、③**葉が枝先に集まってつくこと**で見分けられます。

コメント シロダモは本州以南の低地に分布し、都市部の林にもよく生えています。ふだんは地味ですが、雌株は冬に赤い実(p.37)をつけます。

50%
すじが根元で3本に分かれる

ほかにもあるの？ いろんな色がある、木々の若葉

若葉はみんな黄緑色と思っていませんか。木々が芽吹き始める4〜5月によく観察すると、赤やオレンジ、茶色、紫、白など、いろいろな色が見られます。**シロダモ**や**コナラ**、アカメガシワ(p.68)のように、毛で覆われた若葉も多く見られます。若葉の色や毛は、紫外線や寒さ、害虫などから幼い葉を守るための防御と考えられます。これらの葉は成長とともに、やがて緑色になります。以下に、身近な林で目につく様々な若葉の色を紹介しましょう。

タブノキ【椨の木】 D1
春先になると、枝先の芽が非常に大きくふくらみ、赤みを帯びた若葉が出てよく目立つ。同時に花も出るが、花は黄緑色で小さくて地味。葉はp.31。

アラカシ【粗樫】 B1
若葉は赤茶色や紫色を帯びることが多く、これはカシ類全般の傾向。表面に毛は少なく、光沢がある。低山にふつうに生える常緑高木。葉はp.104。

コナラ【小楢】 A1
若葉は光沢のある絹のような白毛に覆われ、遠くから見ると銀色に輝いて見える。身近な雑木林にごくふつうに見られる落葉高木。葉はp.137。

アセビ【馬酔木】 B1
若葉は鮮やかな赤色で、枝先に集まってつく様子が目立つ。春は白い花もつける。ツツジ科アセビ属の常緑低木。日本各地の山地に生え、庭木にされる。

チャノキ【茶の木】 B1
若葉は一般的な明るい黄緑色。もう少し大きくなった若葉をお茶に用いる。ツバキ科チャノキ属の常緑低木。中国原産で畑や庭に植えられ、時に野生化。

ツノハシバミ【角榛】 A1
若葉の中心に紫色の模様が出ることがあり、幼い木でよく見られる。カバノキ科ハシバミ属の落葉低木。北海道〜九州の山地に点々と生える。

Q スギ林の中に、ツヤツヤの大きな葉の低木がたくさん生えています。

[場所] 静岡県の里山
[木の高さ] 約1.5m
[撮影日] 4月

花
若葉

注目!

幹 太い枝や幹も緑色
つき方 対につく
葉の形 大きくて光沢がある
ふち 大きなギザギザがある

[マメ知識] 庭木にされる栽培品種のフイリアオキは、葉に白や黄色の模様（斑）が入り、時に野生化している。

A アオキ【青木】

ふつう形＞ギザギザ＞常緑＞対 B2

分類 アオキ科アオキ属の常緑低木（高さ1〜2m）
似ている木 サンゴジュ、センリョウなど

鑑定方法 葉の色が濃く、光沢が強いので、常緑樹とわかりますね。**大きな葉（長さ15cm前後）ではっきりしたギザギザが目立ち**、少し見慣れると直感ですぐアオキとわかります。**幹も緑色**（名の由来）で、**葉が対につく**ことを確認すれば、確実にアオキと見分けられます。

解説 アオキは日本各地の林に生え、庭木にもされます。日陰に強く、暗いスギ林や都市部の林にもよく生えます。冬に赤い実をつけ、鳥がよくタネを運びます。

実

70%

ほかにもあるの？ 大きな葉の常緑樹

80%

裏面に棒で字を書くと、数分で黒く浮かび上がる。葉書の由来とされる

F ヤツデ【八つ手】
ウコギ科の低木。関東以西の暖かい林に生え、庭木にされる。別名テングノハウチワ。

ふつう切れ込みが8つある

40%

B¹ タラヨウ【多羅葉】
モチノキ科の小高木。東海〜九州の暖かい林に生え、社寺や郵便局に植えられる。

70%

ノコギリ状のギザギザがある

葉全体がやや反り返る。裏は毛が密生して金色っぽい

柄は赤茶色

B¹ ビワ【枇杷】
バラ科の小高木。西日本の一部や中国原産の果樹で、庭木にされ野生化している。冬に白花が咲き、初夏に実がなる

D¹ タイサンボク【泰山木】
モクレン科の高木。北米原産で庭や公園に植えられる。初夏に大きな白花をつける。

B² D² サンゴジュ【珊瑚樹】
ガマズミ科の小高木。関東以西の暖かい林に生え、庭木や生垣にされる。秋に赤い実(p.37)をつける。

ゴワゴワして凹凸が目立つ

にぶいギザギザがある

70% 70% 70%

Q 質問
海辺の林にたくさん生えていた木で、葉は縦方向のすじがくっきり目立ちました。

[場所] 福岡県
[木の高さ] 約4m
[撮影日] 4月

これはシロダモ

注目！
つき方
対生と交生が混在する。枝にほぼ等間隔に葉がつく

注目！
3本のすじが目立つ

A 回答 ヤブニッケイ【藪肉桂】

ふつう形 > なめらか > 常緑　交互 / 対　D1 D2

分類 クスノキ科クスノキ属の常緑高木（高さ8〜15m）
似ている木 シロダモ、クスノキ、ニッケイ、イヌガシなど

鑑定方法 3本の長いすじ（葉脈）が目立つ葉ですね。このような葉脈を三行脈といい、クスノキ科のクスノキ(p.30)、シロダモ(p.80)、ヤブニッケイなどで顕著な特徴です。前二者は枝先に葉が集まってつくのに対し、**ヤブニッケイは枝にほぼ均等につき、交互についたり対についたりする**ことが特徴です。よく似たニッケイ（中国原産で時に栽培）も同様で、葉先が長く伸びることが違いです。

解説 ヤブニッケイは関東以西の暖地にふつうに生えます。**葉をちぎると、シナモンに似た甘い香りが少しあります**。ニッケイはさらに香りが強く、樹皮は「桂皮（けいひ）」と呼ばれ、香料や生薬（しょうやく）にされます。

葉先が長く伸びる
三行脈も長い
ニッケイ
ヤブニッケイ
50%

ほかにもあるの？ 暖かい海辺の林に多い木

　海に近い照葉樹林（常緑広葉樹林）では、カシ・シイ類主体の内陸の照葉樹林にくらべ、タブノキ（p.31）、**ヤブニッケイ**、**ヒメユズリハ**などの林が多く、中国・四国・九州では**クロキ**もかなり多く見られます。林内にはマサキ（p.51）、**ナワシログミ**、**ムベ**などがよく見られます。

ヒメユズリハ 【姫譲葉】 常緑小高木 ユズリハ科ユズリハ属 D1

関東以西の海に近い林にふつうに生え、時に公園や庭に植えられる。ユズリハ（p.49）より葉が小さく細めで、先がとがることが違う。

50%
柄は赤みを帯びることが多い 
葉は枝先に集まってつく

クロキ 【黒木】 常緑小高木 ハイノキ科ハイノキ属 B1 D1

中国地方・四国・九州の暖かい林によく生える。樹皮が黒っぽいことが名の由来。葉はモチノキ（p.98）に似るが、ふつうギザギザがあり、枝先の芽がとがることが区別点。

にぶいギザギザがある
70%
秋に楕円形の黒い実がなる
とがった芽が特徴

ナワシログミ 【苗代茱萸】 常緑低木 グミ科グミ属 D1

中部〜九州の暖かい林に生える。生垣や庭木にもされ、関東地方でも野生化している。小枝はややトゲ状になる。葉の裏面はフケ状の毛が密生し、白地に褐色の点が散らばる。

70%
実は4〜5月に熟し食べられる
波打つがギザギザはない

ムベ 【郁子】 常緑つる性樹木 アケビ科ムベ属 M

関東以西の海に近い暖かい林によく生える。別名トキワアケビ（常磐通草）で、実もアケビ（p.125）に似て食べられる。葉は径20cm前後のてのひら形で、小葉はふつう7枚。

20%
4〜5月に白い花をつける
アケビの葉を大きく色濃くした感じ

Q 神様や仏様にお供えする葉の名前と、その違いを教えて下さい。

A 神事にはサカキを、仏事にはシキミを使うのが一般的です。

解説 神社の儀式やお祓いで使う枝(玉串)は、一般的にサカキが使われます。**民家の神棚に供えるのもサカキ**で、漢字では木へんに神と書いた「榊」の字が使われます。サカキは主に西日本に分布するので、**東日本ではしばしばヒサカキが「サカキ」と呼ばれ代用**されています。サカキの語源は「栄える木」「(神域との)境の木」といわれ、かつてはシキミやオガタマノキ、タブノキ、クスノキ、ソヨゴ、イヌツゲなど、神事に使われた常緑樹全般を指したといわれます。

一方、**お墓や仏壇に供えたり、葬式で主に使われるのはシキミ**で、木へんに仏と書いた「梻」の字もあてられます。シキミは葉や材に香りがあり、有毒成分を含むので、死臭を消したり、獣を追い払う意味があるといわれます。

両者とも様々な地方名があり、サカキは「シャシャキ」「カミシバ」、シキミは「シキビ」「ハナノキ」「ハナシバ」などとも呼ばれます。サカキ、ヒサカキ、シキミとも、園芸店やスーパーで売られているほか、神社やお寺にもよく植えられています。野生の個体は、サカキは暖かい林に多く、シキミはやや内陸の山地に生えます。ヒサカキは都市近郊の雑木林から山地まで、かなりふつうに生えている木です。

神社の鳥居に飾られたサカキの玉串

シキミの花は3〜4月に咲き目立つ

ヒサカキの花は春に咲き、ガス臭い

もっとくわしく 神事・仏事に使う葉

枝先にカマ形の大きな芽がある

ギザギザがあるので、サカキとの区別は容易

葉先はわずかにくぼむ

ヒサカキ【柃】 B1
サカキ科ヒサカキ属の常緑低木。本州以南の林によく生え、神社や庭に植えられる。黒い実がなる。

サカキ【榊】 D1
サカキ科サカキ属の常緑小高木。関東以西の暖かい林に生え、神社やその裏山によく植えられる。時に庭木。別名ホンサカキ。

オガタマノキ【招霊の木】 D1
モクレン科モクレン属の常緑高木。主に西日本の暖かい林に生える。神霊を招く木とされ、社寺に植えられる。

ちぎると強い香りがある

中央より先側で幅が最大

シキミ【樒・梻】 D1
マツブサ科シキミ属の常緑小高木。関東以西の山地に生え、墓地や寺、庭に植えられる。線香の原料になる。有毒樹木。

枝先に葉が集まってつく

枝を1周する線がある

87

街の中

Q 質問 家の裏山にトゲトゲの葉っぱの木が生えています。ヒイラギでしょうか？

[場所] 千葉県の平地　[木の高さ] 約1m　[撮影日] 4月下旬

実は初夏に黒紫色に熟す

この木はなぜか先が切れた葉が多い

注目! これで全体1枚の葉（はね形）

小葉

20%

1枚の葉の全形

A 回答 ヒイラギナンテン【柊南天】

はね形＞ギザギザ＞常緑＞交互　01

分類 メギ科メギ属の常緑低木（高さ0.5〜2m）
似ている木 ヒイラギ、ホソバヒイラギナンテンなど

鑑定方法 トゲトゲの葉といえばヒイラギが有名ですが、よく似たまったく別の木もいくつかあるので要注意です。写真を見ると、**長い軸に葉（小葉）がきれいに並んでついていますね**、これら全部ではね形の1枚の葉（羽状複葉）です。**はね形でふちにトゲトゲがある葉はヒイラギナンテン**と思って下さい。

解説 ヒイラギナンテンは中国原産で、庭や公園に植えられますが、鳥がタネを運ぶのでしょう、暖地の市街地周辺の林にはよく野生化しています。暗い場所でも育ち、3〜4月に黄色い花をつけます。

花。常緑樹だが、日なたの葉は冬に赤く色づくことが多い

ほかにも あるの？ トゲトゲの葉っぱはヒイラギだけじゃない

ヒイラギといえば、赤い実のクリスマスホーリーを思い浮かべる人も多いようですが、これはモチノキ科の**セイヨウヒイラギ**や**ヒイラギモチ**で、日本の**ヒイラギ**はモクセイ科で黒い実をつけます。モチノキ科の葉は交互につき、モクセイ科は対につくことが区別点です。葉のトゲは、幼い木を草食動物から守る防御で、いずれも木が大きくなるとトゲのない葉が増えます。

ヒイラギ 【柊】 常緑小高木 モクセイ科モクセイ属 B2 D2

本州〜九州の低山に点々と生え、庭木にされる。葉のふちに2〜5対の鋭いトゲがあるが、成木（せいぼく）では先端をのぞきトゲがなくなる。ヒイラギの葉を節分の飾りに使う地方もある。

実は黒紫色で初夏に熟す。葉は対につく

ヒイラギモクセイ 【柊木犀】 常緑小高木 モクセイ科モクセイ属 B2 D2

中国原産のギンモクセイとヒイラギの雑種で、生垣や庭木として植えられる。葉のふちのトゲは8〜10対と、ヒイラギより多い。雄株（おかぶ）しかなく、実はつかない。

トゲはヒイラギより多くて小さい。葉は対につく

ヒイラギモチ 【柊黐】 常緑小高木 モチノキ科モチノキ属 B1 D1

中国原産で庭木や鉢植えにされる。別名シナヒイラギ。葉は四角〜亀甲形で独特。実は赤く、晩秋に熟す。日本でクリスマス飾りに使われるのは本種やその栽培品種が多い。

英名はチャイニーズホーリー。葉は交互につく

セイヨウヒイラギ 【西洋柊】 常緑小高木 モチノキ科モチノキ属 B1 D1

地中海沿岸原産で、まれに庭木や鉢植えにされる。葉のトゲはやや小型で、成木（せいぼく）ではトゲがない葉が増える。雑種に由来する栽培品種も多い。実は赤く、晩秋に熟す。

元祖クリスマスホーリー。葉は交互につく

Q 質問
この時期、モコモコした金色の木をあちこちの山で見かけます。これは何でしょうか？

[場所] 山口県岩国市
[木の高さ] 10m以上
[撮影日] 5月

注目！ 樹形
このモコモコ感と色がポイント

A 回答　シイノキ【椎の木】

ふつう形 ＞ ギザギザ／なめらか ＞ 常緑 ＞ 交互　B1　D1

分類 ブナ科シイ属の常緑高木（高さ8〜25m）
似ている木 マテバシイ、クリ、クスノキ、カシ類など

鑑定方法 5月頃に入道雲のようにモコモコした**金色〜クリーム色の高木**を見かけたら、たいていシイノキ（シイ）と思って下さい。金色に見えるのは花や若葉で、**成葉の裏も金色っぽい色**です。よく似たクリ(p.153)の花は、色がより白いので遠目にも区別できます。マテバシイ(p.31)の花も似ていますが、花期がやや遅く、野生の木は南日本に限られ、葉が大きいことで区別できます。

解説 シイノキはスダジイとツブラジイの総称で、関東以西の暖地に生える照葉樹林の代表種です。特に神社林に多く、時に庭や公園に植えられます。

花は穂状で、生のタケノコに似た強い匂いを発し、虫を引き寄せる

街の中 ／ 庭 ／ 暖かい林 ／ やや暖かい林 ／ 寒い林

くらべてみよう スダジイとツブラジイ

「シイ」「シイノキ」と呼ばれる木には、樹皮が裂けて実が長細い**スダジイ**と、樹皮が裂けず実が丸い**ツブラジイ**の2種があります。前者は沿海に多く、後者は内陸に多い傾向がありますが、葉は見分けにくく、中間型が見られることも多いので、同種とする見解もあります。実はいずれも生食できます。

スダジイの若い実。熟すと3つに裂け、ドングリ状の堅果がのぞく

シイノキを下から見ると全体がやや金色に見える

スダジイの樹皮は縦に深く裂ける。しかし、ごく浅く裂ける中間的な個体もしばしばある

100% スダジイの実

80%　80%　裏

スダジイ【すだ椎】
葉は大きめで厚く、枝も太め。実は細長い。関東地方で見られるのは大半がスダジイ。

両種ともギザギザのある葉とない葉が交じる

両種とも裏は金色

ツブラジイの樹皮は滑らか

ツブラジイ【円椎】
別名コジイ(小椎)。葉は小さめで薄く、枝も細め。実はつぶら(丸い)。

100% ツブラジイの実

裏　80%

Q 山の中に、柿の葉に似た木が生えています。何の木でしょうか?

[場所] 山口県下関市の低山
[木の高さ] 約3m
[撮影日] 5月

- 柄は太く短い。葉の基部は幅広い
- 注目!
- ふち ギザギザはない
- つやがある

[マメ知識] 日なたの葉は、厚くて色濃くつやも強いが、暗い林内に生えた個体の葉は、色も厚さも薄く、別種のように見えることがある。野生状のカキノキは「ヤマガキ」とも呼ばれる。

A カキノキ【柿の木】

ふつう形 > なめらか > 落葉 > 交互 C1

[分類] カキノキ科カキノキ属の落葉小高木(高さ4〜12m)
[似ている木] マメガキ、リュウキュウマメガキ、シラキなど

[鑑定方法] カキノキの葉は、**大きな卵形でギザギザはなく、交互につき、柄(葉柄ようへい)は長さ1cm前後と短く太い**ことが特徴です。よく似たリュウキュウマメガキ(暖地に自生じせい)は柄が2cm前後あり、マメガキ(中国原産)は葉の特につけ根が細いことが違いです。以上の点を写真と見比べると、どれもカキノキに一致します。

[解説] カキノキは中国原産で、庭や畑だけで見られる木と思われがちですが、獣や鳥がタネを運び、人里近い山中にもよく野生化しています。

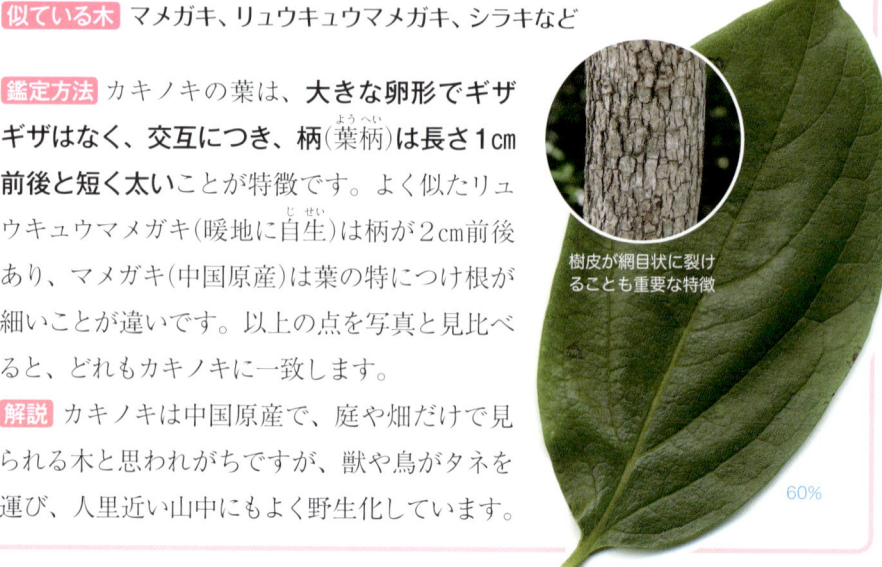

樹皮が網目状に裂けることも重要な特徴

60%

街の中 / 庭 / 暖かい林 / やや暖かい林 / 寒い林

くらべてみよう カキの葉に似た葉

カキノキの葉は、柿の葉寿司や柿の葉茶にも使われ、よく知られています。山の中では、カキノキに似た葉をもつ別の木もいくつかあります。どこが違うか見くらべてみましょう。

小さなギザギザがある

チシャノキ A1
【萵苣の木】落葉高木
ムラサキ科チシャノキ属

中国地方・四国・九州・沖縄の暖地に分布。別名カキノキダマシで、樹皮も不規則に裂けカキノキに似るが、葉のふちにギザギザがあることが違う。

初夏に白い花を穂状につける

60%

イヌビワ C1
【犬枇杷】落葉小高木
クワ科イチジク属

関東以西の海に近い林にふつうに生える。実はイチジクを小さくした形で、秋に熟し食べられる。時に葉が細い個体、ホソバイヌビワがある。

秋は黄葉する。枝先は実

60%

この部分が細くなることが特徴

シラキ C1
【白木】落葉小高木
トウダイグサ科シラキ属

本州以南の山地に時に生える。まれに庭木。樹皮が白く滑らかなことが名の由来。枝葉をちぎると白い液が出る。花も実も地味だが、紅葉は鮮やか。

紅葉は赤〜黄色。中央は実

60%

柄はカキノキ(有毛)より長く細く無毛

93

Q 質問 沖縄に行ってきました。根がすごく垂れ下がった木があったのですが、何の木ですか？

[場所] 沖縄本島
[木の高さ] 約10m
[撮影日] 7月

葉の形 注目!→ 小さめの小判形（長さ10cm以下）

幹 樹皮は白っぽく、大小の気根が多数垂れ下がる

マメ知識 ガジュマルやアコウは、気根（きこん）がほかの木に絡みついて枯らすこともあるので、「絞め殺しの木」とも呼ばれる。

これは別のつる植物

A 回答 ガジュマル【榕樹】

ふつう形＞なめらか＞常緑＞交互　D1

分類 クワ科イチジク属の常緑高木（高さ5〜15m）
似ている木 アコウ、モチノキなど

鑑定方法 幹から多数垂れ下がっているのは気根（きこん）と呼ばれます。**沖縄でこのような木を見かけたら、ガジュマルかアコウと思って下さい。葉の長さが6〜7cm前後でモチノキ**(p.98)**似の小判形ならガジュマル**、その2倍の長さがあればアコウです。写真は小さめの葉が見えるので、ガジュマルでしょう。

解説 ガジュマルは屋久島〜沖縄の亜熱帯の林にふつうに生え、公園や街路にも植えられます。秋〜春にイチジクに似た小さな実をつけます。近年は観葉植物として本土でも園芸店でよく売られています。

すじはあまり見えない
芽はとがる
80%
葉のつけ根に、枝を一周する線がある

ほかにも あるの？

沖縄でよく見られる亜熱帯の木

　亜熱帯気候の沖縄では、温帯気候の本土とはまったく種類の異なる木々が見られます。街路樹では**モモタマナ**、**ガジュマル**、フクギ、公園では**コバノナンヨウスギ**、アカギ、デイゴなどが目立ちます。庭先ではハイビスカスやブーゲンビレア、**タイワンレンギョウ**の花が咲き乱れ、**パパイヤ**、マンゴーなどの熱帯果樹も植えられます。山野では外来種の**ギンネム**やモクマオウがあちこちに野生化し、河口には**ヒルギ類**のマングローブが見られることも特徴です。

コバノナンヨウスギ U
【小葉の南洋杉】ナンヨウスギ科の常緑高木。ニューカレドニア原産で、独特の樹形が美しい。葉はスギの葉を小さくした感じ。別名シマナンヨウスギ。

モモタマナ C1
シクンシ科の落葉高木。沖縄・小笠原に分布。沖縄で数少ない紅葉する木で、成木は独特の傘状樹形になる。葉はカンソに似る。別名コバテイシ。

ギンネム P1
【銀合歓】マメ科の常緑小高木。中南米原産。荒れ地などの緑化に植えられたものが広く野生化。葉はネムノキ似。花は白い球形で、一年中咲いている。

タイワンレンギョウ B2
【台湾連翹】クマツヅラ科の常緑低木。中南米原産でよく生垣にされる。近年は本土でも鉢植えが出回っている。葉は薄い。別名デュランタ、ハリマツリ。

メヒルギ D2
【雌漂木】ヒルギ科の常緑小高木。鹿児島県以南に分布。水につかる河口や海岸の泥地に生え、オヒルギなどとともにマングローブと呼ばれる林をつくる。

パパイヤ H F
【papaya】パパイヤ科の常緑低木。中南米原産で、庭や畑に植えられる。葉はヤツデに似た形で、幹から直接放射状に出る。実は黄色のだ円形で食用。

Q 質問 森の中で、まだら模様の幹に出あいました。この写真で何の木かわかりますか?

[場所] 熊本県の低山
[木の高さ] 10m以上
[撮影日] 8月

←注目!

緑色っぽい部分があるのは若い木の特徴

幹 樹皮がはがれ、白くなった部分が目立つ。アカガシやバクチノキでは見られない

ほかの部分は暗い茶色。リョウブやナツツバキはもっと明るい色

A 回答 カゴノキ【鹿子の木】

ふつう形 > なめらか > 常緑 > 交互　D1

分類 クスノキ科ハマビワ属の常緑高木（7～15m）
似ている木 リョウブ、プラタナス、バクチノキ、ナギなど

鑑定方法 樹皮がまだら模様になる木はいくつかありますが、写真の木は**白い斑点(はんてん)がよく目立ち、それ以外の部分は暗い色**ですね。加えて、**暖地の林に生え**ていたとのことで、おそらくカゴノキと思います。白い斑点がシカの子の模様に似ているので、「鹿子(かこ)」の名があります。

解説 カゴノキは関東以西の暖かい林に点々と生え、暗い常緑樹林内では樹皮がよく目立ちます。**葉はタブノキ**(p.31)**の葉を一回り小さくした細長い形で、若枝は濃い茶色**(タブノキは緑色)です。

中央より先側で葉の幅が最大

50%

成木の幹

ほかにもあるの？ 暖かい林で見られる、まだら模様の幹

まだらの幹といえばサルスベリやナツツバキ(以上p.175)が有名ですが、暖地の自然林で見られるのは、**カゴノキ**、**アカガシ**、珍しい**バクチノキ**、**ナギ**や**シマサルスベリ**などです。樹皮の模様は個体差が大きく、若木は特徴が現れにくいので、葉の形も一緒に確認しましょう。

アカガシ 【赤樫】常緑高木 ブナ科コナラ属 D1 B1

本州〜九州の山地に生え、暖かい林からブナ林まで分布する。若い木では樹皮は滑らかだが、次第にうろこ状にはがれ、赤茶色の地味なまだら模様になる。葉はp.105も参照。

30%

— 長い柄(葉柄)がある

成木。色の鮮やかさはない

バクチノキ 【博打の木】常緑高木 バラ科バクチノキ属 B1

関東以西の暖かい林に生えるが、やや珍しい。樹皮がはがれた幹を、バクチに負けて服をはぎ取られた様子に例えたことが名の由来。鮮やかなオレンジ色になる。

30%

— イボ状の蜜腺がある

成木。老木は全体が橙色になる

ナギ 【梛】常緑高木 マキ科ナギ属 D2

主に九州・四国・沖縄の林にまれに生え、各地の神社に時に植えられる。樹皮はうろこ状にはがれ、全体的に黒っぽい色のまだら模様になる。葉は平べったいが、針葉樹の仲間。

— 細いすじ(葉脈)が平行に多数並ぶ

60%

樹皮がはがれて凹凸になる

シマサルスベリ 【島猿滑り】落葉高木 ミソハギ科サルスベリ属 C1 C2

奄美や屋久島の林に生え、時に各地の公園などに植えられる。樹皮の模様はサルスベリより白色がよく目立ち、太く大きな木になる。葉はサルスベリより長くて大きい。

葉先が突き出る —

50%

真っ白な部分がよく目立つ

街の中 | 庭 | 暖かい林 | やや暖かい林 | 寒い林

Q 質問　のっぺりした葉が黒く汚れていました。この木の名前を教えて下さい。

［場所］東京都内の公園　［木の高さ］約4m　［撮影日］9月

- 葉は密につく
- 葉の色が濃いので常緑樹
- 葉先はにぶい
- 細かいすじは見えない　**注目！**
- **つき方** よく見ると交互につく
- **ふち** ふつうギザギザはない
- 黒い汚れはすす病

A 回答　モチノキ【黐の木】

ふつう形 ＞ なめらか／ギザギザ ＞ 常緑 ＞ 交互　D1 B1

分類 モチノキ科モチノキ属の常緑小高木（高さ4〜10m）

似ている木 ネズミモチ、クロガネモチ、シキミ、サカキ、モッコク、イスノキ、クロキなど

鑑定方法 葉は①平凡なだ円形で、②表面はのっぺりして細かいすじ（葉脈）は見えず、③葉先はとがらないことなどから、消去法でモチノキと鑑定できます。**葉の特徴が少ないことがモチノキの特徴**ともいえます。なお、葉が幅広ければクロガネモチ（p.36）、対につくならネズミモチ（p.99）、芽が長ければサカキ（p.87）、すじが見えればシキミ（p.87）やイスノキ（p.139）が候補になります。葉の黒い汚れは、カイガラムシの排泄物にカビが生えた「すす病」で、モチノキによく発生しますが、ほかの木にも発生します。

幹は白っぽく滑らか

どんな実がなるの？ モチノキとネズミモチをくらべてみよう

モチノキ(モチノキ科)と**ネズミモチ**(モクセイ科)はよく似ていますが、前者は葉が交互につき、実が赤いのに対し、後者は葉が対につき、実は黒いことで簡単に区別できます。葉のつき方は、モチノキ科やモクセイ科全般に共通する重要な特徴です。

モチノキ (左ページ参照)

関東以西の暖かい林に生え、庭木(p.63)や公園樹にされる。雄株と雌株があり、雌株に実がなる。花は春に咲くが、黄緑色で小さく地味。名は樹皮から鳥もちを採ったため。

実は赤く径1cmほど。晩秋に熟し、冬も残ることが多い

ギザギザのある葉

マメ知識
剪定した場所から生えた枝や若木では、ギザギザのある葉が出る。

ふつうはなめらか

80%

裏

葉は1枚ずつ交互につく

ネズミモチ 【鼠黐】常緑低木 モクセイ科イボタノキ属 D2

関東以西の暖かい林に生え、生垣や庭木にされる。雌雄の区別はなく、6月頃に白い花が多数咲き、秋にネズミのフンに似た黒い実がなる。幹は白っぽく滑らか。

実は長さ約1cmの楕円形。トウネズミモチの実はまん丸

マメ知識
よく似た中国原産のトウネズミモチは、葉も樹高も一回り大きい。生垣や公園樹にされ、野生化して庭先に生えてくることも多い。

花

80%

裏

すじはほとんど見えない。トウネズミモチは見える

葉は2枚が対につく

Q 質問　葉のふちが波打った小さな木が生えていました。何の木の子どもでしょうか？

[場所] 川崎市の斜面林
[木の高さ] 15cm
[撮影日] 10月
100%

柄は短い
ふちは独特の波形
注目!

A 回答　マンリョウ【万両】

ふつう形＞ギザギザ＞常緑＞交互　B1

[分類] サクラソウ科マンリョウ属の常緑低木（高さ0.5〜1.5m）
[似ている木] ヤブコウジ、センリョウ、カラタチバナなど

[鑑定方法] このサイズの幼木（ようぼく）であれば、既に成木（せいぼく）とほぼ同じ形の葉が見られる場合が多く、この木にも特徴がよく現れています。**細長い葉で、ふちに独特の波形のギザギザ（とがらない）があるので**、これだけでマンリョウの子どもとわかります。

[解説] マンリョウは1m程度の小さな木で、秋〜春につく赤い実が美しいので、庭木や鉢植えにされます。野生の個体は関東以西の暖かい林に生えますが、鳥が実を運んで、市街地周辺の山に野生化することが多く、本来の野生かどうか判断しにくくなっています。

実は葉の下につく。白実の品種もある

> ほかにも
> あるの？

万両・千両・百両・十両・一両

赤い実のなる常緑低木といえば**マンリョウ**と**センリョウ**が有名で、マンリョウの方が実が多くて華やかなことから、「万両」の名が与えられたようです。これ以外にも、百両は**カラタチバナ**、十両は**ヤブコウジ**、一両は**アリドオシ**といわれ、数字が小さいほど実も小ぶりになります。

センリョウ 【千両】常緑低木 センリョウ科センリョウ属 B2

関東以西の暖かい林に時に生え、庭木や鉢植えにされる。野生化もしている。実は秋～冬につき、鮮やか。葉は明るい色でギザギザが目立ち、対につくことが特徴。

実は4枚の葉の中央につく。黄実の品種もある

カラタチバナ 【唐橘】常緑低木 サクラソウ科ヤブコウジ属 B1 D1

別名「百両」。関東以西の暖かい林に時に生え、庭木や鉢植えにされる。樹高50cm前後。実は秋～春につき、数はやや少なめだが鮮やか。葉はかなり細長く、不明瞭なギザギザがある。

野生の個体は実が少なめ。白実の品種もある

ヤブコウジ 【藪柑子】常緑低木 サクラソウ科ヤブコウジ属 B1

別名「十両」。本州～九州の林にふつうに生え、しばしば地面を覆うように群生する。高さ15cm前後の小さな木で、庭木や鉢植えにされる。実は秋～冬につき、数は少ない。

実は葉の下にぶら下がる。葉は交互または対につく

アリドオシ 【蟻通し】常緑低木 アカネ科アリドオシ属 D2

別名「一両」。関東以西の暖かい林に時に生える。植えられることは少ない。実は径約5mmと小さく、数も少ない。枝に細いトゲがあり、名はアリも刺し通せるという意味。

樹高は50cm程度。葉は対につき、形に変異がある

街の中

Q 質問
近所の公園に大きな丸い樹形の木があり、気に入っています。幹はざらざらしています。

［場所］神奈川県
［木の高さ］約10m
［撮影日］11月

- 枝葉が細かいことがわかる
- 低い位置から枝が広がる
- 幹が複数あるのは、かつて伐採された切り株から生えた証拠
- 幹：砂状にざらつき、所々に横線がある **注目！**

A 回答 エノキ【榎】

ふつう形＞ギザギザ＞落葉＞交互　A1

分類 アサ科エノキ属の落葉高木（高さ7～20m）
似ている木 ケヤキ、ムクノキ、アキニレなど

鑑定方法 きれいな丸い樹形で、**葉が小さく、黄葉し始めている**ことから、エノキと推測できます。**砂のようにざらついた樹皮**を見れば、間違いないでしょう。よく似たケヤキやムクノキに比べると、**根元に近い位置からよく枝分かれし、やや横広の樹形**になることが特徴です。

解説 エノキは本州以南の暖かい山野に生え、神社や公園にも時に植えられます。秋に橙～赤色の実がなり、食べられます。鳥がタネを運び、道ばたなどに生えてくることが多い木です。

- 先半分にギザギザがある
- 80%
- 実

ほかにもあるの？ 大きな丸い樹形の木

アサ科の**エノキ**、**ムクノキ**、ニレ科のケヤキ(p.18)、ハルニレ(p.178)はいずれも大木になり、なだらかに枝を広げた樹形になります。エノキにくらべると、他種はやや縦長のおうぎ形になる傾向があります。西日本に多い**センダン**も大木になり、エノキに似た丸い樹形になります。

ムクノキ 【椋の木】落葉高木 アサ科ムクノキ属 A1

関東以西の暖かい山野に生え、時に公園や社寺に植えられる。実は黒紫色で食べられる。樹皮は白くて縦すじがあり、老木(ろうぼく)は縦にはがれてくることがエノキやケヤキとの区別点。

- 表面はざらつく
- キザキザはケヤキより角張る
- 80%
- 幹

センダン 【栴檀】落葉高木 センダン科センダン属 N1

関東以西の暖かい山野に生え、時に公園や社寺に植えられる。初夏に薄紫色の花をつけ、秋に薄黄色の丸い実をつける。葉は大きなはね形(2回羽状複葉(かいうじょうふくよう))で、樹皮は縦に裂ける。

- 1枚の葉の一部分
- 小葉(しょうよう)は不規則に切れ込む
- 50%

> **Q 質問** 散歩で歩く山でよく見かける、ギザギザした葉の常緑樹です。名前を教えて下さい。

[場所] 広島市の低山　[木の高さ] 5〜6m　[撮影日] 1月

- 樹皮は灰色でなめらか（シラカシやウラジロガシも同じ）
- 裏はやや白っぽくほぼ無毛
- **注目！ ふち** あらいギザギザが葉の先半分にある
- **葉の形** カシ類の中では幅広い

A 回答　アラカシ【粗樫】

ふつう形＞ギザギザ＞常緑＞交互　B1

分類 ブナ科コナラ属の常緑高木（高さ7〜20m）
似ている木 シラカシ、ウラジロガシ、イチイガシ、アカガシ、ナナミノキなど

鑑定方法 葉のふちにギザギザ（鋸歯）がある常緑樹ですね。小高木以上でこのタイプの葉をもつのは、まずカシ類が代表的です。**葉はやや幅があって卵形に近く、先半分にあらい鋸歯があるので**、アラカシと思われます。シラカシは葉の幅が半分ぐらいで全体に鋸歯があり、イチイガシは同じく先半分に鋸歯がありますが、葉が細めで裏に毛が密生することが違いです。

解説 アラカシは本州以南に分布し、身近な低山にごくふつうに生えているので、ぜひ覚えたい木ですね。関東の林ではシラカシの方が多いのですが、全国的に最も広く見られるカシ類はアラカシです。

もっとくわしく 常緑樹林の代表選手・カシの仲間を覚えよう

カシ類はブナ科コナラ属の常緑高木で、日本の常緑樹林を構成する主要種です。漢字では木へんに堅いと書き、材は堅くて重く、家具材や備長炭などに使われます。本州の林でよく見られるのは、**アラカシ**、**シラカシ**、**ウラジロガシ**、**アカガシ**、ツクバネガシで、標高約700m以下の林にふつうに生えます。このほか、海岸に生えるウバメガシ（p.61）、南日本に分布するイチイガシ、珍木のハナガガシ、沖縄のオキナワウラジロガシがあり、街路樹や庭木にされるのはシラカシ、ウバメガシ、アラカシです。カシ類の葉は、ふちのギザギザの形や、葉裏の色が見分けポイントです。

アラカシの花。穂状で4〜5月に咲く

アラカシの実（ドングリ）。カシ類はお椀に横しま模様がある（p.153参照）

アラカシ【粗樫】
最も広く見られるカシ。名は鋸歯があらいため。若葉はp.81。
B1

- 先半分にギザギザがある
- 裏面は白っぽくくすんだ色

シラカシ【白樫】
街路樹（p.29）にされることが最も多いカシ。名は材が白いため。ドングリはp.153。
B1

- ギザギザは小ぶり
- 裏面はやや白っぽい

アカガシ【赤樫】
山地寄りに多いカシ。樹皮はうろこ状にはがれる（p.97）。名は材が赤いため。
D1 B1

- ふつうギザギザはない
- 裏面はつやのある緑色
- 柄は約3cmで長い

マメ知識
ツクバネガシの葉も裏が緑色でアカガシに似るが、柄は1cm程度で、葉は細めで少し鋸歯がある。

ウラジロガシ【裏白樫】
本州〜九州に分布。山地でふつうに見られるカシ。名は葉裏が目立って白いため。
B1

- ギザギザはシラカシより鋭い
- 裏面はロウを塗ったように白い

105

Q 質問　幹にトゲのようなイボイボがある、大きな木があります。これは何でしょう？

樹形 逆三角形で枝は太め

[場所] 大分県の海辺の自然公園
[木の高さ] 約10m　[撮影日] 3月

幹 注目！ この横長の突起だけでカラスザンショウとわかる

A 回答　カラスザンショウ【烏山椒】

はね形＞ギザギザ＞落葉＞交互　N1

分類 ミカン科サンショウ属の落葉高木（高さ8～15m）
似ている木 サンショウ、ハリギリ、シンジュなど

鑑定方法 横長のイボが点在する特徴的な幹ですね。加えて、枝を大きく逆三角形に広げた樹形から、すぐにカラスザンショウとわかります。幹のイボは、古いトゲの基部が残ったもので、**若木ほど幹にトゲが多く、直径30cmを超える頃からトゲはなくなってきます**。これは、成長につれて草食動物に食べられるリスクが減るためと考えられます。

解説 カラスザンショウは本州以南の主に暖地に分布し、明るい山野に生えます。名はカラスが食べる山椒の意味で、葉(p.21)は長さ50cm以上もあるはね形で、強い山椒臭があります。

若木の幹は鋭いトゲが多く、うかつにつかむと大変

ほかにもあるの？ 幹にトゲがある木

幹や枝にトゲがある木は、**サンショウ**、**イヌザンショウ**、キイチゴ類(p.127、149)、バラ類(p.149)、タラノキ(p.160)などの低木に多く見られますが、背が高くなる木は少なく、ふつうに見られるのはカラスザンショウと**ハリギリ**、ハリエンジュ(p.25)ぐらいです。珍しい木では、**クスドイゲ**やサイカチのように分岐したトゲをもつ木や、枝先がトゲ状になる**オオウラジロノキ**などがあります。いずれも老木ほどトゲが減る傾向があります。

ちぎると強い山椒臭がある

60%

切れ込むようなギザギザがある

サンショウ【山椒】 N1
ミカン科の落葉低木。北海道～九州に分布。庭木にされる。枝のトゲは対につく。幹のトゲはイボ状になり、すりこざに使われる。実や葉は薬味になる。

イヌザンショウ【犬山椒】 N1
ミカン科の落葉低木。本州以南の山地に生える。枝のトゲは交互につく。幹のトゲはサンショウより鋭い印象があり、葉や実の香りは劣る。

ハリギリ【針桐】 E1
ウコギ科の落葉高木。若木の幹や枝にトゲがあるが、成木では幹のトゲはなくなり、イボも残らない。樹皮は縦に裂ける。新芽は山菜になる(p.161)。

オオウラジロノキ【大裏白の木】 A1
バラ科の落葉高木。主に本州～四国の山地にまれに生える。若木の幹では、短い枝がトゲ化し、独特の風貌になる。葉は裏面に白い毛が密生する。

クスドイゲ B1
ヤナギ科の常緑小高木。近畿以西の暖かい林にまれに生える。枝や幹にトゲがあり、幹のトゲは分岐して鋭い。サイカチのトゲもこれに似る。

> **Q 質問** スギとヒノキを樹形だけで見分けることはできますか？

> **A 回答** できます。慣れると、数百m離れた距離からでも見分けられます。

見分け方 スギやヒノキは、いずれも針葉樹なので、幹がまっすぐでスマートな三角形の樹形になることが共通の特徴です。**スギの枝葉は、チアガールのボンボンのように丸く集まってつくので、遠くから見ると入道雲のようにモコモコして見える**ことが特徴です。一方で**ヒノキの枝葉は、水平面に平たく広がり、枝葉の層がいくつも重なって見える**ことが違いです。この様子をジャンケンに例えて、スギはグー、ヒノキはパー、マツはチョキ（はり形の葉が2本ずつつく→p.155）と覚える方法もあります。

〔写真〕

- このへんはコナラなどの広葉樹
- ここにも2本スギがあるのがわかる
- **樹形** モコモコ丸く見える木は全部スギ ←注目！
- **樹形** 平たい層が重なって見えるのがヒノキ ←注目！
- ヒノキは枯れ枝が残りやすい
- **幹** スギもヒノキも幹はまっすぐ

左半分はヒノキ林、右半分はスギ林であることがわかる

解説 スギとヒノキは優れた建築用材で、植林面積はそれぞれ全国1位と2位です。成長が速いのはスギですが、高級材とされるのはヒノキで、近年はヒノキの方が多く植えられています。郊外で野山を見渡せば、どこでもスギやヒノキの植林地があるものなので、ぜひ見くらべてみて下さい。

もっとくわしく 花粉症で注目されるスギとヒノキ

スギ花粉症は1980年頃から広まり、近年はヒノキ花粉症も増えています。花粉症が増えた一因に花粉の増加があります。日本の木材自給率は1960年までほぼ100％でしたが、木材の輸入自由化を進めた1970年以降は20～40％程度で、植林したスギやヒノキが次々放置されました。スギは樹齢20年を超えると花を多くつけるので、花粉の量もどんどん増えたのです。花粉症を減らし、国内外の森林を再生するには、木材自給率を高めることが大切です。

スギ 【杉】常緑高木 ヒノキ科スギ属

北海道南部～九州に植林され、社寺や公園、庭にも植えられる。幹が「まっすぐな木」が名の由来で、各地に大木も多い。野生の個体は本州～九州の寒い林に生える。葉の形は独特なので見分けやすい。

先端は雄花。花期は2～4月
樹皮は縦に細かく裂ける

葉はカマ形でらせん状につく
実
100%

ヒノキ 【桧・檜】常緑高木 ヒノキ科ヒノキ属

本州～九州に植林され、社寺や公園、庭に植えられる。スギより乾いた土地を好み、材は重くて香りがよい。葉はうろこ形で、裏面の白い気孔帯が区別点。野生の個体は山地の岩尾根に生える。

中央は実。葉先の点は雄花の蕾
樹皮は縦にやや広く裂ける

裏にY字形の白い線がある
裏 100%

裏にX字形の白い模様がある

サワラ【椹】

同属の常緑高木。社寺や公園、庭に植えられる。

Q 質問 雑木林で赤い若葉をつけたサクラが咲いていました。何ザクラでしょうか？

[場所] 岡山県の里山　[木の高さ] 約10m　[撮影日] 3月下旬

幹 横向きのすじがサクラ類共通の特徴

注目！
赤い若葉が花と同時に出る

マメ知識
サクラ類の花の区別は、ガクの形や毛の有無が重要。ヤマザクラはガク筒とガク片も細くて無毛。ソメイヨシノやカスミザクラは有毛。

ガク筒
ガク片

A 回答　ヤマザクラ【山桜】

ふつう形＞ギザギザ＞落葉＞交互　A1

分類 バラ科サクラ属の落葉高木（高さ10〜25m）
似ている木 カスミザクラ、ソメイヨシノなど

鑑定方法 花や幹の横すじでサクラの仲間とわかると思いますが、花と同時に赤い若葉が出ているので、ふつうのヤマザクラと特定できます。若葉が緑〜茶色ならカスミザクラ（右ページ）やオオシマザクラ（p.15）、若葉がなければエドヒガン（p.15）やソメイヨシノ（p.14）が候補になります。

解説 ヤマザクラは文字通り山に生える代表的なサクラで、関東以西の身近な林で見られるサクラは、大半がヤマザクラと思って結構です。寒地ではよく似たカスミザクラやオオヤマザクラ（p.177）が増えます。

ギザギザは細かい。葉は無毛

70%

柄の上にイボ状の蜜腺が2個ある（サクラ類共通の特徴）

街の中／庭／暖かい林／やや暖かい林／寒い林

ほかにも あるの？ 山に生えるサクラの仲間 A1

街中で見られるサクラの主役は、ソメイヨシノやサトザクラ(p.15)などの園芸種ですが、山野に生える主役は**ヤマザクラ**で、**カスミザクラ**も多少混じります。また、**ウワミズザクラ**と**イヌザクラ**も雑木林に見られますが、これらは花がブラシ状で、属が異なります。

カスミザクラ
【霞桜】落葉高木
バラ科サクラ属

北海道～九州の山地に生える。ガクや葉に毛があり、若葉はくすんだ色。花はヤマザクラより約1週間遅い。

表面に毛がある

70%

ヤマザクラよりあらいギザギザ

樹皮はヤマザクラとそっくり

ウワミズザクラ
【上溝桜】落葉高木
バラ科ウワミズザクラ属

北海道～九州の山地に生え、寒い林ほど多い。花はブラシ状で4～5月に咲く。実は赤や黒に熟し食べられる。

中央より基部側が幅広い

60%

柄は短い

幹は暗い灰色で、横すじは目立たない

イヌザクラ
【犬桜】落葉高木
バラ科ウワミズザクラ属

本州～九州の山地に生えるが、やや少ない。花がつく枝に葉がつかないことが、ウワミズザクラとの違い。

中央より先側が幅広い

60%

幹は白っぽいので別名シロザクラ

Q 質問 春の雑木林で、黄色い花がぶら下がっていました。何という木でしょうか？

[場所] 東京都西部の丘陵
[木の高さ] 約3m
[撮影日] 4月上旬

カーブする枝ぶりが特徴

花 薄い黄色の丸い花が穂になる

A 回答 キブシ【木五倍子】

ふつう形＞ギザギザ＞落葉＞交互 A1

分類 キブシ科キブシ属の落葉低木（高さ2〜5m）
葉が似ている木 サクラ類、ハナイカダなど

葉の形に変異が多く、丸い葉や細長い葉も見られる

50%

鑑定方法 サクラの開花前後によく目につく花ですね。**薄黄色の花が長い穂になってぶら下がる**ことや、**弓なりに曲がった枝**の様子から、キブシと思われます。この時期は、野山も庭も黄色い花が多く見られますが、花の形で見分けられます。葉はサクラ類（p.110）に似ていますが特徴に乏しく、葉だけで見分けられたら樹木鑑定の上級者といえるでしょう。

解説 キブシは本州〜九州に分布し、海辺から山地まで点々と生えます。花期以外は地味な木です。名の由来は、実を染料に使う五倍子（ヌルデの虫こぶ→p.139）の代用にしたためです。

実は晩夏に緑色から褐色に熟す

ほかにもあるの？ 早春に咲く黄色い花

早春に咲く花には、黄色の花が多く見られます。野山の木では、**マンサク**、**キブシ**、**アブラチャン**、ダンコウバイ（p.73）、庭木ではレンギョウ、ロウバイ（以上p.57）、**サンシュユ**、アカシア類（p.77）などがそうです。これは、早春に花に集まるハエ・アブ類が黄色を好むためと考えられています。チョウやハチが活動する季節になると、花の色も多様になります。

マンサク 【満作】落葉小高木 マンサク科マンサク属 A1

本州〜九州の山地の尾根に点々と生え、時に庭木にされる。3〜4月頃、ほかの木々に先がけて花が咲き、「まず咲く」が名の由来ともいわれる。赤花の栽培品種もある。

花びらはひも状で4枚ある

波状のギザギザがある

トサミズキ 【土佐水木】落葉低木 マンサク科トサミズキ属 A1

四国の低山にまれに生え、各地で庭木にされる。3〜4月にうす黄色の花をぶら下げ、穂の長さは4cm前後。同属のヒュウガミズキは花も葉も一回り小さく、穂は2cm前後。

穂に10個弱の花がつく

すじは直線的

アブラチャン 【油瀝青】落葉低木 クスノキ科クロモジ属 C1

本州〜九州の山地の谷沿いに生える。3〜4月に黄〜黄緑色の花が咲き、早春の雑木林では目立つ。枝は交互に出る。同属のダンコウバイやクロモジ（p.117）の花も似ている。

小さな花が玉状につく

柄は赤みを帯びる

サンシュユ 【山茱萸】落葉小高木 ミズキ科ミズキ属 C2

中国原産で時に庭木にされる。3月、花の少ない庭先で小さな黄色い花が木全体に咲き、よく目立つ。枝は対に出るので、アブラチャンと区別できる。樹皮は不規則にはがれる。

枝が対に出るのがわかる

葉先は長く伸びる

街の中 / 庭 / 暖かい林 / やや暖かい林 / 寒い林

Q 質問 若葉に紫色のすじが入った低木がありました。ウツギの仲間でしょうか？

[場所] 山口県の低山
[木の高さ] 2m
[撮影日] 4月

写真注記：
- 若葉のすじや若枝は紫色
- 若い枝や葉裏にホコリ状の白い毛がある。葉の表も毛が多ければヤブムラサキ
- 葉の形 中央で幅が最大のひし形状
- 注目！
- 古い実の柄が残ることが多い 
- 実 秋に鮮やかな紫色の実がつく

A 回答 ムラサキシキブ【紫式部】

ふつう形＞ギザギザ＞落葉＞対　A2

[分類] シソ科ムラサキシキブ属の落葉低木（高さ2〜4m）
[似ている木] ヤブムラサキ、コムラサキ、ウツギ類など

[鑑定方法] **ギザギザの葉が対につく落葉低木**は、ウツギ類(p.120)をはじめ種類が多く、見分けにくいグループです。加えて、芽吹きの季節は葉が不完全で、冬芽も観察できないので、木を見分けるのが一番難しい時期です。写真の若葉は**ひし形に近い形**で、**中央のすじ（主脈）や若い枝が紫色を帯びている**のが特徴ですね。そして、**去年の実の柄（果柄）が残っている**のが決定的で、ムラサキシキブとわかります。

[解説] ムラサキシキブは日本各地の林に生え、実が紫色なのでこの名があります。よく庭木にされるのは、葉が小型で実つきがよい別種のコムラサキです。

写真注記：
- ギザギザがほぼ全体にある。コムラサキは先半分のみ
- 70%
- 200%
- 冬芽は白くて目立つ

> **ほかにも あるの？**
秋〜冬に目立つ実の色

秋は多くの木の実が熟し、鳥や獣に人気のある実から食べられてゆきますが、冬〜春先まで残るものもあります。実の色は、**ミヤマシキミ**のような赤色、**イボタノキ**のような黒紫色が多く、この2色を組み合わせた**ゴンズイ**や**イソノキ**、クサギ(p.69)などの実は、特に鳥の目を引くといわれます。**ムラサキシキブ**の紫色や、サワフタギ(p.141)の青色は珍しい色です。

ミヤマシキミ 【深山樒】常緑低木 ミカン科ミヤマシキミ属 D1

日本各地の山地に生え、ふつう樹高1m程度、雪が多い地方では50cm程度（ツルシキミと呼ばれる）。時に庭木にされる。シキミ(p.87)同様に有毒樹木だが、異なる仲間。

60%

ちぎると柑橘系の芳香がある

実は有毒で秋に熟し、長く残る

イボタノキ 【水蠟の木】落葉低木 モクセイ科イボタノキ属 C2

北海道〜九州の山野に生え、樹高2m前後。この木につくカイガラムシから蠟を採り、イボ取りに使ったことが名の由来。初夏に白花をつけ、花も実もネズミモチ(p.99)に似る。

葉先は丸い

60%

中央のすじ（主脈）がくぼんで目立つ

実は秋に熟し、冬もよく残る

ゴンズイ 【権萃】落葉小高木 ミツバウツギ科ゴンズイ属 N2

関東以西に分布し、暖かい林に多い。樹皮は黒地に白い縦すじが入り、魚のゴンズイの模様に似る。秋に実が房になってぶら下がり、冬も残ってよく目立つ。葉はp.133参照。

赤い実が裂けて黒いタネが出る 　樹皮は白黒のしま模様

イソノキ 【磯の木】落葉小高木 クロウメモドキ科クロウメモドキ属 A1

本州〜九州の明るい山野に生えるが、やや珍しい。地味な木だが、実ははじめ赤色、後に黒くなり目立つ。葉は2枚ずつ互互につくコクサギ型葉序(p.130)になる。

葉はサクラに似る

実は秋に熟し、2色が混在する

50%

街の中 | 庭 | 暖かい林 | やや暖かい林 | 寒い林

Q 質問：雑木林のわきに、小さな黄緑色の花をつけた木がありました。何の木でしょうか？

[場所] 神奈川県平塚市
[木の高さ] 2m
[撮影日] 5月

花 花びらは4枚。よく似たツリバナは5枚

注目！

枝 去年の枝も緑色で、板状の突起がつくことがある（下写真）

ふち 細かいギザギザがある

葉の形 葉先に近い位置で幅が最大

つき方 対につく

[マメ知識] 一見、はね形の葉にも見えるが、葉のつけ根に芽がつくので、そこが枝とわかる。

A 回答：ニシキギ【錦木】

ふつう形＞ギザギザ＞落葉＞対　A2

分類 ニシキギ科ニシキギ属の落葉低木（高さ1〜3m）
似ている木 ツリバナ、マユミなど

鑑定方法 **ギザギザのある葉が対につく落葉樹**ですね。この木の特徴は、**古い枝も緑色である**ことで、ニシキギ属と推測できます。**葉の幅が先寄りで最大になる**ことや、**枝の一部に板状の翼がある**ので、ニシキギと鑑定できます。ニシキギ科の花は黄緑色で小さく、目立ちません。

解説 ニシキギは北海道〜九州の林に点々と生えます。紅葉が美しいことが名の由来で、枝の翼も独特なので、庭木や生垣にされます。**野生の個体は翼がないことも多く**、コマユミとも呼ばれます。

庭木にされる個体は翼が大きい

70%

実。2つに裂けることが多い

マユミ【真弓・檀】 A₂

ニシキギ科の落葉小高木。北海道〜九州の林に生え、まれに庭木にされる。弓を作ったことが名の由来。

中央か基部側で幅が最大になる葉が多い

ツリバナ【吊花】 A₂

ニシキギ科の落葉低木。北海道〜九州の山地に生え、まれに庭木。

花びらは5枚。実も5つに裂ける

70%

70%

マユミの実は熟すと4つに裂け、朱色のタネがぶら下がる。花びらも4枚

葉は楕円形で、中央で幅が最大

花は4月頃咲く

クロモジ【黒文字】 C₁

クスノキ科の落葉低木。北海道〜九州の林に生える。緑の枝に黒い模様が入ることが名の由来。

花

大小2重のギザギザ(重鋸歯)がある

枝葉をちぎると爽やかな香りがある

70%

ヤマブキ【山吹】 A₁

バラ科の落葉低木。北海道〜九州の林に生え、八重咲きの品種がよく庭木にされる。花は名の通り山吹色で4〜5月に咲く。

ほかにもあるの？ 緑色の枝

樹木の枝は、はじめ緑色でも半年もすれば茶色を帯びるのがふつうですが、ニシキギ類は2年以上緑色を保つことが特徴です。**クロモジ**や**ヤマブキ**、ノイバラ(p.149)も緑色の枝が目立ちます。

117

> **Q 質問** ギザギザした葉で、つやが目立つ木があります。落葉樹と思うのですが、わかりません。

[場所] 名古屋市の低山
[木の高さ] 1.5m
[撮影日] 5月

- つき方：対につく
- 直線的なすじが目立つ
- この葉形が現れるのはガマズミ類特有
- 光沢が強くて色も濃く、常緑樹と見間違えそう
- ←注目！
- ふち：山型のギザギザがガマズミ類らしい

A 回答　ミヤマガマズミ【深山莢蒾】

ふつう形＞ギザギザ＞落葉＞対　A2

分類 ガマズミ科ガマズミ属の落葉低木（高さ1.5〜3m）
似ている木 オトコヨウゾメ、ガマズミ、ハクサンボクなど

鑑定方法 葉のふちに**山型のギザギザ**（鋸歯）があり、葉も枝も対についていますね。葉の幅が広めで、平行に並んだすじ（側脈）が目立つので、ガマズミ類と思われます。**葉の光沢が強い**ガマズミ類は、ハクサンボク（南日本産の常緑樹）、オトコヨウゾメ、ミヤマガマズミなどですが、ハクサンボクはこれほど鋸歯が目立たないし、オトコヨウゾメにしては**葉が大きい**ので、ミヤマガマズミと特定できます。

解説 ミヤマガマズミは比較的山奥に多いことが名の由来ですが、西日本では低山にもよく見られ、このように葉が黒光りした個体を目にします。

花

ほとんど毛はない

80%

街の中／庭／暖かい林／やや暖かい林／寒い林

ほかにもあるの？ ガマズミの仲間

ガマズミ類（ガマズミ科ガマズミ属）の葉は変異が多く、しばしば区別に悩まされるグループです。一般に、葉や枝に毛が多いのが**ガマズミ**、**コバノガマズミ**、毛が少ないのが**ミヤマガマズミ**、**オトコヨウゾメ**です。ヤブデマリ(p.162)やムシカリ(p.163)もガマズミ属の木です。

ガマズミ【莢蒾】

落葉低木。北海道〜九州の林に生え、まれに庭木。葉はふつう丸く大きく、葉や枝、花実の柄に短毛が密生する。4〜6月に白花をつけ、秋に赤い実がなるのはガマズミ類共通。実はすっぱいが食べられる。

- ギザギザはややにぶい
- 80%
- 毛が密生する
- ここにすじが並ぶのがガマズミ類の特徴
- さわると毛が多いのがわかる

コバノガマズミ【小葉の莢蒾】

落葉低木。本州〜九州の林に生える。ガマズミ同様に各部に毛が多いが、葉は小さく細め。花実の房も小さい。まれに葉の表面に毛がなく、光沢が強い個体もある。

- 80%
- 線状の托葉（たくよう）がつく
- ほとんど毛はない

オトコヨウゾメ【男ようぞめ】

落葉低木。本州〜九州の林に生える。葉は小さめで、枯れて乾くと黒くなる性質がある。花も実も一房の数が少なく、ぶら下がるようにつく。名の由来は詳細不明。

- 80%
- 赤みを帯びることが多い
- 山型のギザギザが比較的目立つ

119

Q 質問 ウツギと名のつく木がたくさんあって覚えられません。どうすれば見分けられますか？

A 回答 まず科・属ごとに整理し、葉の大きさ別に覚えてみましょう。

解説 「ウツギ」と名のつく木は、代表種だけで約20種あります。その**大半は落葉低木で、葉はふつう形でギザギザがあり、対につく**という共通性があり、よく似ています。これらを科・属に分けて整理してみると、下表のように**アジサイ科**と**スイカズラ科**の2大グループと、それ以外の科があり、必ずしも同じ仲間ではないことがわかります。これは、ウツギは漢字で「空木」と書くように、枝が空洞になる木全般につけられた名前だからです。

科名	属名	種名	葉の形	主な花の色
アジサイ	ウツギ	ウツギ	中葉	白
		マルバウツギ	中葉	白
		ヒメウツギ	中葉	白
	バイカウツギ	バイカウツギ	中葉	白
	アジサイ	ノリウツギ	大葉	白
		ガクウツギ	小〜中葉	白
		コガクウツギ	小葉	白
スイカズラ	タニウツギ	タニウツギ	大葉	ピンク
		ニシキウツギ	大葉	白→ピンク
		ハコネウツギ	大葉	白→ピンク
		ヤブウツギ	大葉	濃いピンク
		キバナウツギ	中〜大葉	黄
	ツクバネウツギ	ツクバネウツギ	小葉	白・黄・ピンク
		コツクバネウツギ	小葉	黄・白・ピンク
		ハナゾノツクバネウツギ	小葉	白・ピンク
フジウツギ	フジウツギ	フジウツギ	長葉	紫
		フサフジウツギ	長葉	紫
ドクウツギ	ドクウツギ	ドクウツギ	中葉	(小さく地味)
バラ	コゴメウツギ	コゴメウツギ	3裂	白
ミツバウツギ	ミツバウツギ	ミツバウツギ	みつば形	白

マメ知識 ハナゾノツクバネウツギは別名アベリア(p.55)、フサフジウツギは別名ブッドレアで、ともに庭木にされる。

見分け方 ウツギ類を見分けるには、葉の形でグループ分けするとよいでしょう。まず、長さ10cm前後の大きな葉をもつ**大葉グループはタニウツギ属とノリウツギ**(P.163)、長さ6〜7cm前後の**中葉グループはウツギ属とバイカウツギ**、最も小さな**小葉グループがツクバネウツギ属やガクウツギ類**です。**フジウツギ類は長さ10cm前後の長葉**で、例外で**コゴメウツギは3つに裂け、ミツバウツギはみつば形**です。有毒のドクウツギは珍しい木です。

くらべてみよう ウツギと名のつく木

ニシキウツギ A2
【二色空木】落葉低木
スイカズラ科タニウツギ属

本州〜九州の山地に生える。花ははじめ白色、咲き終わりはピンクになり、2色が交じることが名の由来。庭木にされるのはハコネウツギが多い。

花は5〜6月に咲き、2色交じる

80%

裏面のすじ上に毛がある。ハコネウツギは無毛

ウツギ A2
【空木】落葉低木
アジサイ科ウツギ属

北海道〜九州の山野によく生える。別名ウノハナ。品種のサラサウツギは花がピンクを帯び、庭木にされる。別種のマルバウツギは葉の幅が広い。

花は穂状につき5〜7月に咲く

ざらつく。ヒメウツギはざらつかない

裏 80%

ガクウツギ A2
【額空木】落葉低木
アジサイ科アジサイ属

関東〜九州に分布。山地の谷沿いに生える。飾り花が額のようにつくことが名の由来。同属のコガクウツギは葉が細めで、西日本に多く見られる。

花はアジサイ似で5〜6月に咲く

スベスベでやや光沢がある

裏 80%

ツクバネウツギ A2
【衝羽根空木】落葉低木
スイカズラ科ツクバネウツギ属

本州〜九州に分布。山地の尾根などに生える。ガクが羽根のように5つに裂けることが名の由来。同属のコツクバネウツギは2つに裂ける。

花は5〜6月に咲き、白が多い

ギザギザが少数ある。コツクバネウツギはギザギザがない葉もある

裏 80%

コゴメウツギ E1
【小米空木】落葉低木
バラ科コゴメウツギ属

北海道〜九州の山地に生える。ウツギと名のつく木では例外で、葉は浅く裂け、交互につく。花が小米のように小さいことが名の由来。

花は5〜6月に咲き、小さい

不規則な切れ込みがある

80%

121

Q質問 白い花が何層かに重なった木がたくさん目立ちます。何の木でしょうか？

[場所] 神奈川県の丘陵　[木の高さ] 約15m　[撮影日] 5月上旬

ミズキとクマノミズキを見分けるには花期も重要

←注目！　白い花がテーブル状に何層も重なる

A回答 ミズキ【水木】

ふつう形＞なめらか＞落葉＞交互　C1

分類 ミズキ科ミズキ属の落葉高木（高さ10～25m）
似ている木 クマノミズキ、ヤマボウシ、ハナミズキなど

鑑定方法 テーブル状に広がった枝の上に白い花が咲き、階層を重ねたような樹形が独特ですね。これはミズキやクマノミズキの特徴で、特にミズキで顕著です。関東の低地なら、**5月頃咲くのがミズキ、6月頃咲くのがクマノミズキで、1ヶ月ほど差がある**ので、写真の木はすべてミズキと思われます。間近で観察できれば、**葉が交互につくのがミズキ、対につくのがクマノミズキ**で区別できます。なお、同科のヤマボウシ（p.17）の花は6月前後に咲き、大きな木にならないのでこれほど目立ちません。

葉は枝先に集まってつき、その上に小さな白花が多数咲く

くらべてみよう　ミズキとクマノミズキ

ミズキ　【水木】落葉高木　ミズキ科ミズキ属　C1

北海道〜九州に分布。関東では低地の雑木林にもふつうに見られるが、西日本では寒い山地に行かないと見られない。樹皮は白っぽく、縦に浅く裂ける。春に幹を切ると、水のように樹液が出ることが名の由来。

満開の樹形（東京都・5月中旬）。何気ない場所によく生えている

葉はクマノミズキより丸みがある

70%

すじ（葉脈）は弧を描き長く伸びる

冬芽や枝は無毛で赤く、光沢がある

70%　冬の枝

クマノミズキ　【熊野水木】落葉高木　ミズキ科ミズキ属　C2

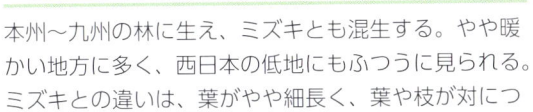

本州〜九州の林に生え、ミズキとも混生する。やや暖かい地方に多く、西日本の低地にもふつうに見られる。ミズキとの違いは、葉がやや細長く、葉や枝が対につき、花期が遅く、冬芽（ふゆめ）の形が異なること。

満開の樹形（神奈川県・6月中旬）。この写真でミズキとの区別は困難

すじ（葉脈）は弧を描き長く伸びる

70%

冬芽はとがり、毛があり、光沢はない

冬の枝　70%

対につく

Q 質問 林の中で、太いつるがからみ合っていました。何のつるかわかりますか?

[場所] 静岡県の里山
[木の高さ] 約5m
[撮影日] 5月

- これはミツバアケビの葉
- 注目!
- 巻き方 左上に巻く
- 太いつるもフジと思われる
- これはミツバアケビのつる。巻き方が逆
- ふちが波打つ
- 葉の形 はね形の葉が見える
- 20%

A 回答 フジ【藤】

はね形＞なめらか＞落葉＞交互　P1

分類 マメ科フジ属の落葉つる性樹木（10m以上の高木にも登る）
似ているつる ヤマフジ、ナツフジなど

鑑定方法 正面に見えるつるが**左上に巻いて**いますね。この巻き方で**つるが太くなる**（径2cm以上）のは、たいていフジです。細いつるならサネカズラなども候補になりますが、**はね形の葉**が見えるのでフジとわかります。**巻き方が逆なら、よく似たヤマフジ**（西日本に分布）**やアケビ類**（右ページ）が候補です。

解説 フジは、本州〜九州の山野に最もふつうに生え、最も太くなるつる植物です。花が美しく、庭木や藤棚にも利用されます。秋には長さ15cm前後の豆形の実をつけます。

5月頃に房の長い紫色の花を咲かす。ヤマフジは房が短い

ほかにもあるの？ 身近な雑木林で見られるつる

クラフトなどに使われる太いつるは、多くが**フジ類**か**アケビ類**です。このほか、身近な雑木林で見られるつるは、**ビナンカズラ**や**ツルウメモドキ**、ヒゲ状の根（気根）で木によじ登る**テイカカズラ**や**キヅタ**、細い巻きひげを出してからむ**ツタ**や**サルトリイバラ**（p.149）などです。

アケビ【通草】

アケビ科の落葉つるで、右上に巻く。本州～九州の山野に生え、実は食べられる。同属のムベ（p.85）は常緑で、葉は7枚セット。

5枚セットの手のひら形の葉

テイカカズラ【定家葛】

キョウチクトウ科の常緑つるで、気根を出してよじ登る。本州～九州の暖かい林に生え、初夏に白い花をつける。

裏は網目模様が目立つ

ミツバアケビ【三葉通草】

アケビ科の落葉つるで、右上に巻く。北海道～九州の山野に生え、アケビとともによく見られる。実は食べられる（p.126）。

波形のギザギザがある

3枚セットのみつば形の葉

ビナンカズラ【美男葛】

マツブサ科の常緑つるで、左上に巻く。関東以南の暖かい林に生える。武士が樹液を整髪料に使ったことが名の由来。実は赤くて目立つ。別名サネカズラ（実葛）。

ギザギザが少しある

枝葉をちぎると粘る液が出る

ツタ【蔦】

ブドウ科の落葉つるで、吸盤のある巻きひげを出す。北海道～九州の山野に生える。壁面緑化に使われ、甲子園のツタは有名。紅葉は鮮やか。別名ナツヅタ（夏蔦）。

浅く3つに切れ込む。幼木ではみつば形の葉も出る

切れ込みのない葉も多い

キヅタ【木蔦】

ウコギ科の常緑つるで、気根を出してよじ登る。本州～九州の暖かい林に生える。別名フユヅタ（冬蔦）。よく似たセイヨウキヅタ（ヘデラ）が庭木や鉢植えにされる。

3～5つに切れ込む葉

> **Q 質問** 野山のハイキングで出あえる、食べられる木の実を教えてください。

> **A 回答** 見つけやすいのはキイチゴ類でしょう。クワ類、グミ類、アケビ類も定番です。

解説 季節や地域によって、食べられる木の実の種類も異なります。5〜7月は、甘くてみずみずしい赤系の実が多く見られます。身近なヤブにもふつうに生えている**モミジイチゴ**、クサイチゴ(p.149)、ニガイチゴ、ナワシロイチゴなどのキイチゴ(木苺)類をはじめ、クワ類(p.143)が目につきやすい実です。庭木にもされる**ナツグミ**や、雑木林に生える**ウグイスカグラ**やウワミズザクラ(p.111)の実に出あえたらラッキーです。西日本の暖地では、ヤマモモ(p.28)が大量の実をつけ、北日本などの寒地では、8月もクマイチゴやエビガライチゴなどのキイチゴ類の実が見られます。

ニガイチゴの実。苦くはなく甘い　　出あうと嬉しいミツバアケビの実　　北国に多いヤマブドウの実

秋になると、各地に広く見られる**アケビ類**(p.125)や、山地に多いヤマブドウ(p.27)、サルナシなど、つる植物の甘い実が熟しますが、これらは手が届かない高所に実ることが多く、見つけにくいのが難点です。ガマズミ(p.119)やノイバラ(p.149)、エノキ(p.102)はさほど美味とはいえませんが、見つけやすい実です。ブルーベリーと同属の**シャシャンボ**、ナツハゼ(p.141)、寒地ではイチイ(p.54)の実も人気があります。また、シイ類(p.91)、クリ(p.153)、オニグルミ(p.170)、**カヤ**などのナッツ類が熟すのも9〜10月です。冬は、常緑のフユイチゴが数少ない食べられる実です。

どんな実がなるの？

ウグイスカグラ【鶯神楽】 C2
スイカズラ科スイカズラ属の落葉低木。北海道〜九州の林に点々と生える。

実は楕円形で6月頃に赤く熟す

枝にトゲが多い

5〜3つに裂け、形に変異がある

モミジイチゴ【紅葉苺】
バラ科キイチゴ属の落葉低木。本州〜九州の明るいヤブや伐採跡地に生い茂る。実は黄〜橙色で6〜7月に熟し、キイチゴ類の中でも美味とされる。 E1

裏

ナツグミ【夏茱萸】 C1
グミ科の落葉小高木。近畿以北の山野に生える。実の大きな変種ビックリグミが庭木にされる。実は楕円形で5〜7月に熟し、甘く美味。

金銀のフケ状の毛が密生する

低いギザギザがある

シャシャンボ【小小ん坊】 B1
ツツジ科スノキ属の常緑小高木。主に西日本の暖かい林に生え、時に庭木。名は小さな丸い実の意味。

指でこそると突起がある

裏

さわると痛い。痛くなければイヌガヤ・イチイ

カヤ【榧】 T
イチイ科の常緑高木。本州〜九州の山地に生え、時に庭木。葉や実を傷つけるとグレープフルーツに似た香りがする。

実は初秋に黒紫色に熟し甘い

実は長さ約3cmの緑色で9月頃に落ちる。中のタネを炒って食べる

Q 河原や中州によく生えている木は、何という木が多いのですか？

[場所] 東京都の多摩川　[木の高さ] 3〜4m　[撮影日] 5月

水際の背が低い木は、ネコヤナギやイヌコリヤナギが多い

葉はかなり細長い。関東平野の河原では、カワヤナギ、コゴメヤナギ、タチヤナギ、ジャヤナギ、オノエヤナギなどが候補

A 水際に生えているのは大半がヤナギ類です。周辺はエノキやハリエンジュが見られます。

鑑定方法 この写真で正確に鑑定するのは難しいですが、**水際に生えており、葉が細いので、おそらくカワヤナギ**と思われます。増水時に水をかぶる場所に生育できる木は限られており、**中州や河原の水際に生えた木は大半がヤナギ類**です。水をかぶりにくい場所であれば、エノキ(p.102)やムクノキ(p.103)、ハリエンジュ(野生化 p.25)、オニグルミ(p.170)、ヌルデ(p.132)、ハンノキ(p.159)などが林(河畔林)をつくります。また、上流部の岩場ではサツキ(p.23)やユキヤナギ(p.75)も水をかぶる場所に生育します。

解説 ヤナギ類(ヤナギ科ヤナギ属)は日本に約30種があり、雑種も多く、見分けにくいグループです。関東地方の水辺では、葉が細い**コゴメヤナギ**、**カワヤナギ**、オノエヤナギ、シダレヤナギ(野生化 p.19)、中くらいの**ネコヤナギ**、**タチヤナギ**、ジャヤナギ、広めの**マルバヤナギ**、バッコヤナギ、小型の**イヌコリヤナギ**などが生育し、寒い地方ほど多く見られます。

もっとくわしく 河原でよく見られるヤナギ類

ネコヤナギ【猫柳】 A1
北海道〜九州に分布する樹高1〜2mの低木。早春に毛をかぶった花が咲き、庭木にされる。

花

カワヤナギ【川柳】 A1
北海道・本州に分布する小高木〜低木。葉は細長い。よく似たオノエヤナギは葉裏に毛が多い。

すじ（葉脈）は弧を描いて伸びる

中央よりやや先側で幅が最大。オノエヤナギはつけ根側で最大

タチヤナギ【立柳】 A1
北海道〜九州によく群生する低木〜小高木。よく似たジャヤナギは葉裏がより白い。

マルバヤナギ【丸葉柳】 A1
本州〜九州に分布する小高木で、暖地にも多い。若葉が赤いので別名アカメヤナギ。

小さなイボ（蜜腺）がある

葉は無毛。バッコヤナギは裏面に毛が密生する

コゴメヤナギ【小米柳】 A1
本州中部に分布する高木。葉は小さめ。北日本に多いシロヤナギや、西日本に多いヨシノヤナギも似ている。

イヌコリヤナギ【犬行李柳】 A2
北海道〜九州に分布する低木。葉は対につき、柄がほとんどないことが特徴。時に庭木。

Q 質問 沢沿いのヤブを歩いていると、この木から変な匂いがしてきました。何の木ですか?

[場所] 神奈川県箱根
[木の高さ] 1〜2m
[撮影日] 5月

葉の形 先に近い方で幅が最大

注目!

つき方 右右・左左・右右…と枝の同じ側に2枚ずつ葉がつく

テカテカしたつやが目立ち、すじはくぼむ

ふち ギザギザはない

A 回答 コクサギ【小臭木】

ふつう形 > なめらか > 落葉 > 交互 C1

分類 ミカン科コクサギ属の落葉低木(高さ1.5〜4m)
似ている木 コブシ、シラキ、カキノキなど

ちぎるとミカン臭がある

鑑定方法 光沢が目立つ葉ですね。この木は葉のつき方に注目して下さい。**2枚ずつが交互につく**のがおわかりでしょうか。これはコクサギなど限られた木しか見られない珍しい特徴で、コクサギ型葉序(がたようじょ)と呼ばれます。お気づきのように、**葉を傷つけると柑橘系の強い匂いがする**ことも特徴で、これらを確認すれば確実に見分けられます。

解説 コクサギは本州〜九州に分布し、特に関東の山地の谷間に多く見られます。葉の匂いがやや臭く、クサギより小さいので小臭木の名があります。実は秋に熟し、はじけてタネを飛ばします。

70% 実

ほかにもあるの？ いろいろな匂いのする葉

葉をちぎって匂いをかぐことで、木の名前がわかる場合もあります。**クサギ**や**ゴマギ**、**ヘクソカズラ**は、その匂いが名前になっています。**ゲッケイジュ**やニッケイ(p.84)、クロモジ(p.117)などのクスノキ科や、サンショウ(p.107)や**コクサギ**などのミカン科の木も、葉に香りがあることが共通の特徴です。油分を多く含む針葉樹も、香りのある葉が多くあります。

クサギ【臭木】 C2 A2

シソ科の落葉小高木。日本各地の明るい山野にふつうに生える。葉をさわっただけで臭い匂いがするが、ピーナッツに似た香りと感じる人も。実はp.69。

成木はなめらかだが、幼木はギザギザがある葉も多い

若葉

平行に並ぶすじ(側脈)が目立つ

ゴマギ【胡麻木】 A2

ガマズミ科ガマズミ属の落葉小高木。本州〜九州の河原や山地の谷沿いに生える。葉をこするとゴマの香りがあり、すぐにゴマギとわかる。

裏

80%

60%

ゲッケイジュ【月桂樹】 D1

クスノキ科ゲッケイジュ属の常緑小高木。地中海沿岸原産で庭木にされる。ローレルの英名で知られ、葉は爽やかな芳香があり、ハーブとして利用される。

実

葉の形は三角〜ハート形〜円形まで変異が多い

ヘクソカズラ【屁糞葛】 C2

アカネ科ヘクソカズラ科のつる植物。草と木の中間的性質。日本各地の明るいヤブにふつうに生える。葉、花、実ともつぶすと臭いことが名の由来。別名ヤイトバナ。

ふちが細かく波打つ葉が多いが、ギザギザはない

80%

80%

| Q 質問 | 登山道の入口に生えていた木です。ウルシのようにも見えますが、何の木でしょうか？ |

[場所] 山梨県東部
[木の高さ] 1m
[撮影日] 5月

軸は赤く色づくことが多い

葉の形
1枚の葉（はね形）

注目!
軸にヒレ状の葉がつく（下写真）

花 夏に穂状の白花をつける

A 回答　ヌルデ【白膠木】

はね形＞ギザギザ＞落葉＞交互　N1

分類 ウルシ科ヌルデ属の落葉小高木（高さ3〜8m）
似ている木 ヤマウルシ、オニグルミ、シナサワグルミなど

鑑定方法 葉の形は、ヤマウルシ(p.145)やオニグルミ(p.170)と同じ**はね形**（羽状複葉）ですが、その**軸（葉軸）に翼と呼ばれるヒレ状の葉がついている**のが非常に珍しい特徴で、これだけでヌルデとわかります。シナサワグルミやフユザンショウの葉にも翼がつきますが、いずれも珍しい木です。

解説 ヌルデは北海道〜九州の明るい山野によく生える木で、成木は逆三角形状の樹形になります。葉に大小の虫こぶがつくこともあります(p.139)。寒地では赤く紅葉してきれいですが、ウルシ科なので時に樹液でかぶれることがあります。

30%
翼（よく）がつく

街の中／庭／暖かい林／やや暖かい林／寒い林

> **くらべて みよう**

はね形の葉をもつ雑木

はね形の葉をもつ木のうち、**ヌルデ**や**ネムノキ**は葉だけで見分けやすい木といえます。**ゴンズイ**や**ニワトコ**は慣れないうちは見分けにくい木ですが、はね形の葉が枝に対につく点で、交互につくニガキ(p.134)やナナカマド(p.176)などと区別できます。

ネムノキ

【合歓の木】落葉高木
マメ科ネムノキ属

本州～九州の明るい山野にふつうに生え、逆三角形の樹形になる。葉は細かいはね形(2回偶数羽状複葉)で、独特で見分けやすい。やや似たフサアカシア(p.77)の葉は、より細かくて銀白色を帯びる。

花ピンク色で6～8月に咲く

全体で1枚の葉
30%

ゴンズイ

【権萃】落葉小高木
ミツバウツギ科ゴンズイ属

関東以西の明るい林に生え、やや縦長の樹形になる。はね形の葉が対につき、若葉や枝をちぎると、小便のような嫌な匂いが少しすることもある。実(p.115)は赤と黒色で、秋に熟して目立つ。

つぼみがついている。花は地味

30%
光沢は強い

ニワトコ

【庭常・接骨木】落葉小高木
ガマズミ科ニワトコ属

北海道～九州の明るい山野に生える。幹や枝は弓なりに反ることが多く、樹皮は縦に裂ける。葉ははね形で対につき、新芽は山菜にもなるが過食は禁物。実は赤色で初夏に熟す。別名セッコツボク(接骨木)。

春に白い穂状の花をつける
はね形の葉が対につく

光沢は鈍い
小葉は細長い
30%

133

Q 質問 葉が対に並んでいる木ですが、調べてもわかりません。それとも、はね形の葉でしょうか?

[場所] 静岡県の里山
[木の高さ] 7〜8m
[撮影日] 5月

画像ラベル:
- 花
- 葉の形 1枚の葉（はね形）
- ふち ギザギザ
- ここに芽（成長点）がある
- ここに芽はない
- 小葉
- 注目! ふつう形の葉が対につくなら、先端が1枚の葉で終わることはない
- 注目! 幹 黒っぽく滑らか

A 回答 ニガキ【苦木】

はね形＞ギザギザ＞落葉＞交互 **N1**

分類 ニガキ科ニガキ属の落葉小高木（高さ4〜10m）
似ている木 ゴンズイ、キハダ、アオダモ類、クルミ類など

鑑定方法 先端が1枚の「小葉」で終わっていることや、芽の位置などから、ふつう形の葉（単葉）ではなく、**はね形の葉（羽状複葉）**とわかります。羽状複葉が交互につくならニガキやナナカマド、クルミ類、対につくならゴンズイやニワトコ、アオダモ類が候補ですが、よく見えませんね。ただ、**樹皮が滑らかで黒っぽい**ので、ニガキのようです。枝先についている花の形状もニガキに一致します。

解説 ニガキは日本各地の林に点在し、枝葉をかむと非常に苦いことが名の由来です。地味な木ですが、木部を乾燥させたものを生薬名で「苦木」といい、健胃薬に使われます。

かむと苦い

30%
1枚の葉の全形。
小葉は4〜6対

ほかにもあるの？ 薬になる木

樹木には薬になる成分を含んだものも多く、昔から生薬や漢方薬として利用されてきました。医療技術が発達した現在でも、樹木由来の成分を用いた医薬品は多数あります。代表的な薬用樹木には、**キハダ**、**メグスリノキ**、**ナツメ**、ニッケイ（p.84）、ビワ（P.83）などがあります。

キハダ

【黄檗】落葉高木
ミカン科キハダ属

北海道〜九州の寒冷な山地の沢沿いに生える。樹皮をはぐと黄色い内皮（円内）が見えることが名の由来で、これを乾燥させた生薬を「黄柏」といい、健胃薬や下痢止めによく利用される。時に栽培もされる。

ニガキに似るがギザギザはない

30%

メグスリノキ

【目薬の木】落葉高木
ムクロジ科カエデ属

本州〜九州の寒冷な山地に生えるが、個体数は少ない。樹皮や枝葉を煎じた液を、目薬にしたり服用したりすると、目の疾患に効果があるとされる。秋のピンク色の紅葉が美しいことでも知られる。

にぶいギザギザがある

30% 紅葉

柄に剛毛が生える

ナツメ

【棗】落葉小高木
クロウメモドキ科ナツメ属

中国原産で古くから庭木にされる。秋に長さ2cmほどの実をつけ、甘くて生で食べられるほか、乾燥させた生薬を「大棗」と呼び、滋養強壮や不眠症、利尿などに効果があるとされる。

光沢が強い

70%

3本のすじが目立つ

Q 質問 子どもとカブトムシを捕りたいのですが、樹液の出る木の見つけ方を教えて下さい。

A 回答 明るい林の外周で、幹に傷やシミがあるクヌギ・コナラを探しましょう。

解説 樹液が出る木の定番といえば、**まずクヌギ**です。樹液の量が豊富で、郊外の雑木林をはじめ、都市部の斜面林にもふつうに生えています。ほかには**コナラ**、ミズナラ(p.167)、クリ(p.153)、アベマキ(p.138)、カシ類(p.105)、ヤナギ類(p.129)、サイカチも樹液にカブトムシが来ることで知られ、特にコナラは身近な林に最もふつうに見られる木です。樹液はどの木でも出るわけではなく、**ガやカミキリムシの幼虫が幹の中にすんでいる木の傷跡**から出ます。これらの虫が寄生していない健康な木では、樹液は出ません。

樹皮がめくれた場所は樹液が出やすい目印

大きな樹液場があるクヌギの大木

樹液がしみてぬれたようになる

ウロの周囲も樹液が出やすい

根元から樹液がしみ出たコナラ

見つけ方 樹液が出る木は、暗い林内よりも、**多少日が当たる林の外周（林縁）に多い**傾向があります。まずはクヌギやコナラの葉と樹皮を覚え、**幹の表面がゴツゴツ傷ついた木や、小さなウロ、ぬれたシミがある木**を、あらかじめ昼間に探しておきましょう。日中に樹液を吸うカナブンやスズメバチ、タテハチョウの存在も、樹液場を見つける手がかりになります。

もっとくわしく 雑木林の代表種 クヌギとコナラを覚えよう

クヌギ 【櫟・椚】落葉高木 ブナ科コナラ属 A1

本州～九州の身近な林にふつうに生える。シイタケ栽培の原木やマキ・炭材に使われ、植林もされる。葉は長さ15cm前後の細長い形で、あらいギザギザ（鋸歯）があるので、比較的見分けやすい。ただし、アベマキ（p.138）やクリ（p.153）の葉は非常によく似ている。アベマキの樹皮は弾力があり、クリの樹皮はコナラに似て浅く裂けることが違う。クヌギとアベマキの実（ドングリ p.153）は、まん丸で径約2cmと大きく、よく目立つ。

成木の樹形。幹は比較的よく直立する

若木の幹。樹皮は縦に深く裂け、平滑面は残らない。裂け目の底はオレンジ色を帯びる

ギザギザの先端は緑色が抜けている。クリは先まで緑色

80%

マメ知識
クヌギの葉裏は薄い緑色なのに対し、アベマキはかなり白いことが違う。

鋭いギザギザがある

中央より先側で幅が最大

コナラ A1
【小楢】落葉高木
ブナ科コナラ属

北海道～九州の林にふつうに生える。葉は先に近い方で幅広く、ギザギザが目立つ。樹皮は灰色で、裂け目が黒っぽいので白黒のしま模様に見える。樹形やドングリはp.152～153、若葉はp.81参照。

樹皮は縦に裂け、平滑面が残る

80%

長さ1cm前後の柄がある。寒地に多いミズナラ（p.167）はほとんど柄がない

Q 質問 細長い葉に、赤い実のような玉がついています。木の名前と玉の正体を教えて下さい。

[場所] 広島県の雑木林
[木の高さ] 2m
[撮影日] 8月

これは実ではなく虫こぶ

注目！

ふち 糸状のギザギザがある

このナス形の葉はクヌギやアベマキの幼木に見られる形

40%
クヌギの葉より丸みがあり、裏は白い

A 回答 アベマキ【橡・阿部槇】

ふつう形＞ギザギザ＞落葉＞交互 A1

分類 ブナ科コナラ属の落葉高木（高さ10〜25m）
似ている木 クヌギ、クリなど

鑑定方法 まず木の名前は、**やや丸みのある細長い葉**で、**ギザギザが小さめ**なことから、おそらくクヌギ（p.137）によく似たアベマキでしょう。玉の正体は**虫こぶ**ですね。虫えい、ゴールとも呼ばれ、**虫が植物に寄生してできる異常なこぶ**です。虫こぶにも名前があり、これはクヌギハマルタマフシ（櫟葉丸玉附子）といい、クヌギハマルタマバチが寄生してできたものです。玉を割ると中に幼虫がいるはずです。

解説 アベマキは主に西日本に分布する雑木林の代表種です。クヌギにそっくりですが、**樹皮にコルク層が発達するので、指で押さえると弾力があること**がよい区別点で、コルククヌギの別名もあります。

樹皮は縦に裂け、クヌギより彫りが深い印象がある

街の中
庭
暖かい林
やや暖かい林
寒い林

このこぶ何のこぶ？ 木につくこぶのいろいろ

ほかにもあるの？

虫こぶを作るのは、主にハエ、ハチ、アブラムシ、ダニの仲間で、種類ごとに寄生する植物がほぼ決まっており、葉、芽、枝、花、実など様々な部位に発生します。**イスノキ**のように必ず虫こぶがつく木もあれば、大量発生して農家を悩ませた**クリ**の虫こぶ、有用なタンニンが採取できる**ヌルデ**の虫こぶもあります。また、菌やウィルスによってできるこぶや、**ハナイカダ**のように葉の上に実をつける木もあり、自然界には不思議なこぶがたくさん見られます。

イスノキ【柞の木】 D1
マンサク科の常緑高木。東海以西に分布し、生垣にされる。何種類も虫こぶがつき、10cm近いものもある。写真はイスノキエダナガタマフシ。

クリ【栗】 A1
写真はクリタマバチが作る虫こぶ、クリメコブズイフシ。この虫こぶできた枝は成長が止まり、花や実がつかなくなる。葉はp.153。

ヌルデ【白膠木】 N1
写真はヌルデシロアブラムシが作る虫こぶ、ヌルデミミフシ。五倍子（ごばいし、ふし）と呼ばれ、乾燥させて薬用や染料に使われる。葉はp.132。

ガマズミ【莢蒾】 A2
写真の毛の生えた玉は、ガマズミミケフシタマバエが実に寄生してできた虫こぶ、ガマズミミケフシ。赤くて毛がないのが正常な実。葉はp.119。

ツバキ【椿】 B1
写真はもち病と呼ばれる病気で、虫ではなく菌によってできたこぶ。虫こぶではなく「菌えい」と呼ばれ、サザンカやツツジ類にも発生する。葉はp.45。

ハナイカダ【花筏】 A1
ハナイカダ科の落葉低木。日本各地の林内に時に生える。日本産樹木で唯一、葉の上に花や実をつけることが名の由来。晩夏に雌株のみ実をつける。

Q 質問 あまり特徴がない葉っぱの木です。幹は黒っぽかったです。何の木でしょうか?

[場所] 東京都世田谷区の斜面林　[木の高さ] 10m弱　[撮影日] 8月

200%
褐色の毛をかぶった芽がある
注目!

ふち 目立たないギザギザがある
つき方 交互につく
幹 樹皮が黒っぽい木は比較的珍しい

A 回答 エゴノキ【えごの木】

ふつう形＞ギザギザ＞落葉＞交互　A1

分類 エゴノキ科エゴノキ属の落葉小高木（4～12m）

似ている木 カマツカ、アオハダ、サワフタギ、ウメモドキ、アブラチャンなど

鑑定方法 このようなふつうの形の葉は類似種が多く、慣れないうちは見分けにくいグループです。写真の木の場合、**ふちのギザギザが小さくて少なく、葉のつけ根に毛をかぶった芽があり、樹皮が黒っぽく縦すじが入る**ことで、エゴノキとわかります。

解説 エゴノキは日本各地の身近な林に点々と生え、時に庭や公園に植えられます。地味な木ですが、花期はよく目立ちます。**実は有毒のサポニンを含み、口に入れると「えぐい」**のでエゴの名があります。この実をすりつぶすと泡立ち、石けんの代用になります。

清楚な白花を5～6月に咲かす

実は秋に茶色く熟して裂ける

ほかにもあるの？ エゴノキに似た葉っぱ A1

葉がA1グループ（ふつう形・ギザギザ・落葉樹・交互につく）に属する木は、日本産樹木の中で最も多く、**エゴノキ**に似た葉は多数あります。これらを見分けるには、ギザギザの形、すじ（葉脈）の様子、柄（葉柄）の長さ、樹皮や芽の様子などを総合的に観察する必要があります。

エゴノキ
（左ページ参照）

ギザギザはにぶく少ない

このページの葉はすべて100%

カマツカ【鎌柄】
バラ科の低木。北海道〜九州の林に生える。初夏に白花をつける。樹皮は灰色で縦にすじが入る。

小さいが鋭いギザギザが多数並ぶ

実は秋に熟し食べられる。柄にイボがある

サワフタギ【沢蓋木】
ハイノキ科の低木。北海道〜九州の山地に生える。初夏に白花をつける。樹皮は縦に裂ける。

中央より先側で葉の幅が最大

実は秋に青色に熟しきれい

アオハダ【青膚】
モチノキ科の小高木。北海道〜九州の林に生える。葉は5枚前後が束状につくことが多い。実は赤色。

網目状のすじがくぼんで目立つ

樹皮の中が青い（緑色）ことが名の由来

ナツハゼ【夏櫨】
ツツジ科の低木。北海道〜九州のやせ山に生え、紅葉は赤く鮮やか。葉の表面はざらつく。

柄がほとんどない

ウメモドキ【梅擬】
モチノキ科の低木。本州〜九州に分布。庭木。花は地味。樹皮は灰色で滑らか。

表面に毛があり、さわるとふわふわ

実は秋に熟し食べられる

実は秋に熟す

街の中

Q 質問
おもしろい形の切れ込みがある葉をみつけました。カエデ？ キイチゴ？ クワ？

[場所] 埼玉県内の道ばた　[木の高さ] 約2m　[撮影日] 9月

つき方
交互につく。枝にトゲはない

幼い枝ほど切れ込みが深い葉が多い

注目！ 葉の形
3～5つに複雑に切れ込む葉が多い

[マメ知識]
モミジイチゴやノブドウの幼木でも、これとよく似た形の葉が現れることがある。

A 回答　ヤマグワ【山桑】

もみじ形　ふつう形＞ギザギザ＞落葉＞交互　E1　A1

分類 クワ科クワ属の落葉小高木（高さ3～8m）
似ている木 マグワ、ヒメコウゾ、キイチゴ類、ノブドウなど

鑑定方法 いろんな形に葉が切れ込むことがユニークな特徴ですね。つき方を見ると、**交互についている**のでカエデ類ではないとわかります。キイチゴ類なら枝にふつうトゲがありますし、ノブドウならつるになります。残るはクワ類かコウゾ類で、**葉の光沢が強くてギザギザがあらい**ので、クワ類と思われます。**葉先が伸びる**のでふつうのヤマグワでしょう。

解説 ヤマグワは日本在来のクワで、明るい山野にふつうに生えます。葉の形に変異が多く、写真のような切れ込みが深い葉は、幼木に多い形です。実は初夏に赤から黒に熟し、甘くて食べられます。

河原に生えたヤマグワの若木

暖かい林／やや暖かい林／寒い林

もっとくわしく　成長とともに変化する、クワやコウゾの葉　E1 A1

クワや**コウゾ**の葉は、幼木では深く複雑に切れ込んだ葉が多く、成長するにつれて切れ込みが減り、老木では切れ込みのない葉ばかりになります。その理由は諸説がありますが、自然界の不思議であり、葉で木を見分ける難しさでもあります。

クワ 【桑】落葉小高木　クワ科クワ属（ヤマグワ・マグワの総称）

「クワ」と呼ばれているのは、日本各地に自生するヤマグワと中国原産のマグワ（真桑）。両者の栽培品種が養蚕のカイコのエサとしてかつてよく栽培され、野生化もしている。

すべてヤマグワ 50%

- ヤマグワは葉先が伸びる。マグワは伸びない
- この部分が出っ張る

幼木に多い葉

- ギザギザははっきりしている

若木に多い葉

- 柄は長め

成木に多い葉

実は甘くて美味

コウゾ 【楮】落葉低木　クワ科コウゾ属（ヒメコウゾ・コウゾの総称）

「コウゾ」と呼ばれているのは、本州〜九州に自生するヒメコウゾと、ヒメコウゾとカジノキの雑種であるコウゾ。葉はコウゾの方が大型。両者とも和紙の原料として栽培された。

すべてヒメコウゾ 50%

- 葉先は伸びる
- 深いポケット状に切れ込む

幼木に多い葉

- ギザギザはクワより小ぶり

若木に多い葉

- ヒメコウゾは柄が短く、コウゾは長い

成木に多い葉

実は可食

143

> **Q 質問** 野山を散策する時に、かぶれる木を覚えておきたいので、教えて下さい。

> **A 回答** ウルシ類、ハゼノキ類、ツタウルシを覚え、樹液にふれないように気をつけしましょう。

解説 かぶれる木の代表種は、ヤマウルシ、ハゼノキ、ヤマハゼ、ツタウルシ、ウルシなどのウルシ科の木です。葉や枝をちぎると出る**樹液が肌につくと、ひどくかぶれます**。手のひらがかぶれることは少ないのですが、その手で顔や腕をさわってかぶれるケースが多いようです。個人差はありますが、葉や幹の表面をさわるだけなら、ふつうは大丈夫です。

対策 右ページの葉を覚え、木にふれないようにしましょう。かぶれやすい人はなるべく木に近づかず、肌を隠すことです。かぶれた場合はかきすぎないようにし、専用の薬を塗るか病院に行きましょう。

ヤマウルシは柄が赤く目立つ

見分け方 基本的にヤマウルシ、ハゼノキ、ツタウルシの3種を覚えればOKです。ヤマウルシやツタウルシは全国的に分布しますが、寒地ほど多く、ハゼノキは関東以西の暖地に多く見られます。ヤマウルシとハゼノキは**はね形の葉で、ふちにギザギザがなく、軸**(葉軸・葉柄)**がしばしば赤く色づく**ことが特徴です。ツタウルシは**みつば形の葉のつる植物**で、ヒゲ状の気根を出して伸びます。いずれも**秋は鮮やかに紅葉**して目立ちます。

なお、中国原産のウルシはまれに野生化し、ヤマウルシにそっくりで、ヤマハゼはやや山側に分布し、ハゼノキにそっくりです。同じくウルシ科のヌルデ(p.132)も、時にかぶれることがあります。

紅葉したハゼノキ

幹に巻いたツタウルシの紅葉

もっとくわしく ウルシ科のかぶれる木・御三家

ヤマウルシ【山漆】 P1 N1

落葉低木。北海道〜九州の山野に生える。秋の紅葉は赤〜黄色。芽吹きはp.161。よく似たウルシは、漆を採るためまれに栽培される。

つけ根の小葉は丸い

ふつうなめらかだが、大きなギザギザがある葉もある

毛がある。ウルシは表面は無毛

60%

ハゼノキ【櫨の木】 P1

落葉高木。関東以西の山野に生える。実からロウを採るため、暖地で栽培された。秋の紅葉はまっ赤で美しい。

光沢があり、毛はない。ヤマハゼは毛がある

裏は白っぽい

60%

ふつうギザギザはない

3種ともふつう柄は赤い

小型の葉はギザギザがある

60%

ツタウルシ【蔦漆】 I1 J1

落葉つる性樹木。北海道〜九州の山野に生え、寒地ほど多い。木の幹や岩壁によじ登る。地面をはっていることも多い。紅葉は赤〜黄色。

60%

Q 質問 雑木林の中にしましまの幹があります。葉は高くて見えません。この木は何でしょう？

これは野生化したシュロの葉

[場所] 千葉県の平野部
[木の高さ] 10m以上
[撮影日] 10月

←注目! 幹
しま模様が目立つが、凹凸はほとんどない

これはシロダモ(p.80)の葉

マメ知識
イヌシデの樹皮は、日本産樹木の中で白黒のしま模様が最も目立つといえる。アカシデの樹皮も似ているが、この写真ほどしま模様が目立つ個体は見かけない。

A 回答 イヌシデ【犬四手】

ふつう形＞ギザギザ＞落葉＞交互　A1

分類 カバノキ科クマシデ属の落葉高木（高さ10〜20m）
似ている木 アカシデ、クマシデ、サワシバなど

鑑定方法 コナラ(p.137)と似て**白黒のしましまがよく目立ちますが、樹皮は滑らかで凹凸(おうとつ)がほとんどない**ですね。このような幹はイヌシデと覚えて下さい。よく似たアカシデは、しましまがさほど目立たず、縦にうねができる傾向があります。ただし、**若い木では樹皮の特徴が現れにくいので、葉を確認することは大切**です。

解説 イヌシデは、シデ類の中で低地に最もよく見られ、特に関東の雑木林には多く生えてます。4〜5月に花をぶら下げますが、幹以外は地味で存在感の薄い木といえます。

満開の成木。花や実が、しめ縄の四手飾りに似ることが名の由来

花

くらべてみよう シデの仲間を幹と葉で見分けよう A1

シデ類(カバノキ科クマシデ属)には、低地にも多い**イヌシデ**、**アカシデ**、寒冷な山地に多い**クマシデ**、**サワシバ**、西日本の岩山にまれに生えるイワシデの5種があります。どの木もよく似ており、見分けにくいグループですが、葉と樹皮をよく観察すれば区別できます。

イヌシデ (左ページ参照)

本州～九州に分布。暖かい低地の林から、山地のブナ林まで見られる。実は穂になってぶら下がり、ばらけて風で運ばれるのはシデ類共通。名の「犬」は劣るという意味。

若い実。秋に茶色く熟す

葉先はあまり伸びない
60%

アカシデ 【赤四手】落葉高木 カバノキ科クマシデ属

北海道～九州の山地に多く、低地でもイヌシデに交じって生える。時に庭木や盆栽。葉は掲載4種の中で最小。若木(わかぎ)の幹はイヌシデに似る。花も紅葉も赤みが強いことが名の由来。

樹皮は縦のうねが現れやすい

葉先は長く伸びる
60%
柄も長め

クマシデ 【熊四手】落葉小高木 カバノキ科クマシデ属

本州～九州の山地に生える。さほど大きな木にはならない。実の穂はビールのホップに似る。葉はシデ類の中で最も細長い。「熊」は荒々しい姿に由来する。

樹皮は縦にミミズばれ状のすじが入り、老木は裂ける

60%
すじが多くて目立つ

サワシバ 【沢柴】落葉小高木 カバノキ科クマシデ属

北海道～九州の寒冷な山地に生え、沢沿いに多いことが名の由来。別名サワシデ。実の穂はクマシデ同様、ビールのホップに似る。葉は基部がハート型になる。

樹皮は縦にひし形状に裂ける

60%

Q 公園の茂みにトゲトゲの木がありました。葉は紫色でした。何の木でしょうか？

枝 縦の溝(稜)がある

←注目！

日陰の葉はまだ緑色

[場所] 島根県東部
[木の高さ] 1m
[撮影日] 11月

つき方 数枚の葉が束になり、つけ根に1〜3本のトゲがある

葉の形 スプーンのような独特の形

100%
落葉後の枝とトゲ

A メギ【目木】

ふつう形＞なめらか＞落葉＞交互 C1

分類 メギ科メギ属の落葉低木（高さ0.5〜2m）

似ている木 オオバメギ、ヘビノボラズなど

鑑定方法 トゲがある木で、へら形の葉が数枚ずつ束になってつく様子が独特なので、メギ類とわかります。葉のふちにギザギザがなければメギかオオバメギ（トゲがほとんどない）、あればヘビノボラズなどです。これは葉が小型でギザギザはなさそうなので、ふつうのメギでよいと思います。葉が紫色なのは、紅葉し始めているためでしょう。

解説 メギは本州〜九州の山野に生え、庭木や生垣にされます。葉が夏も赤紫色の栽培品種もあります。トゲがあるので、コトリトマラズの別名もあります。

100%

秋に赤い実がなる

> **ほかにも あるの？** ヤブで引っかかりやすいトゲ
>
> トゲがある木は、人が近寄りにくいので防犯面で生垣に適しており、**メギ**や**ヒイラギモクセイ**(p.89)が生垣にされます。一方、ヤブの中でよく引っかかるトゲトゲの枝は、**ノイバラ**や**サルトリイバラ**をはじめ、**クサイチゴ**などのキイチゴ類(p.127)が多いようです。

ノイバラ

**【野茨】落葉低木
バラ科バラ属** N1

北海道～九州の明るい山野にふつうに生える。トゲのある緑色の枝をつる状に伸ばし、花は白色。バラ類は種類が多いが、野山で見る「野バラ」は大半が本種。園芸用バラの接ぎ木の台木にも使われる。

秋に赤い実がなる。甘みがあるが、食べすぎるとお腹を下す

小葉は(しょうよう)3～4対

くし形の托葉(たくよう)がある

トゲは湾曲し鋭い

50%　　100%

サルトリイバラ

**【猿捕茨】落葉つる性樹木
サルトリイバラ科サルトリイバラ属** C1

日本各地の明るい山野やヤブにふつうに生える。トゲのあるつるを伸ばし、巻きひげでほかの植物にからみつく。名はサルが引っかかるという意味。西日本では柏餅を包む葉に使われる。別名「山帰来(さんきらい)」。

秋に赤い実がなり、リースや生け花に使われる

葉はほぼ円形で、縦にすじが数本走る

ここに冬芽がある

葉の基部から巻きひげを2本出す

100%　　50%

クサイチゴ

**【草苺】落葉低木
バラ科キイチゴ属** I1 N1

本州～九州の山野や草むらによく群生する。枝葉にトゲがあり、地面を覆うように伸びる。葉はみつば形とはね形があり、冬も葉が多少残ることがある。4～5月に白花が咲く。

トゲは小ぶり

5～6月に赤い実がなり、食べられる

地面にもが生える

100%　　50%

街の中 | 庭 | 暖かい林 | やや暖かい林 | 寒い林

Q 質問 秋なのに花が咲いている木がありました。秋に咲くツツジの仲間でしょうか？

[場所] 京都市の山寺
[木の高さ] 1～2m
[撮影日] 11月下旬

花 ピンク色に赤い模様が入る

つぼみやガクにも毛が多い

葉の形 幅が広めで丸みがある

注目！ 葉はヤマツツジに似るがシワっぽく、フサフサした毛が多い。指でさわるとわかる

A 回答 モチツツジ【黐躑躅・餅躑躅】

ふつう形＞なめらか＞落葉＞交互 C1

分類 ツツジ科ツツジ属の落葉低木（高さ1～2m）
似ている木 ヤマツツジ、ヒラドツツジ、キリシマツツジなど

鑑定方法 5つに裂けるラッパ状の花がツツジ類の特徴ですね。ツツジ類の花期は春なので、これは**返り咲き**(狂い咲き)です。**花がピンク色**なので、ヤマツツジではないようですし、ツツジの園芸種(p.22～23)とも違うようです。**葉はやや幅広く、シワがあり、毛深い**ように見えるので、関西の林に多いモチツツジでしょう。ツツジ類は秋が暖かいと返り咲きをすることが多く、特にモチツツジではよく見かけます。

解説 モチツツジは東海～関西・四国の林に生えます。ヒラドツツジ(p.22)など園芸ツツジ類の母種になっており、庭や公園にも植えられます。

80%

裏 80%

柄や裏面のすじ上にねばる毛がある。これが名の由来。

> **ほかにもあるの？** 山野に生える野生のツツジ類
>
> 日本には数十種ものツツジ類が自生しますが、全国的にふつうに見られるのは**ヤマツツジ**です。西日本では**コバノミツバツツジ**もかなり個体数が多く、北日本では**バイカツツジ**やレンゲツツジもよく見られます。一方、庭木にされるツツジ類の多くは栽培品種です（p.22～23）。

ヤマツツジ

【山躑躅】落葉低木
ツツジ科ツツジ属　C1

北海道～九州の山野にふつうに生え、時に庭木にされる。花はふつう朱色、まれにピンク色で4～6月に咲く。身近な林で見られるツツジは本種が最も多い。葉の毛はモチツツジより少ない。

- 両面に金色の毛が散らばる
- 枝先に5枚前後の葉がつく
- 70%　裏

コバノミツバツツジ

【小葉の三葉躑躅】落葉低木
ツツジ科ツツジ属　C1

中部～九州の山野にふつうに生え、アカマツ林に多い。時に庭木。花はピンク～赤紫色で3～4月に咲く。中部以東の山地には、葉がやや大きいミツバツツジやトウゴクミツバツツジが分布する。

- 裏は網目模様が目立つ
- 70%　裏
- 枝先に3枚ずつ葉がつく

バイカツツジ

【梅花躑躅】落葉低木
ツツジ科ツツジ属　A1

北海道～九州のやや寒い林に生える。花は径2cm程度の白色で6～7月に咲き、ウメの花に似ることが名の由来。花のガクや葉の柄に、毛先が球になったねばる毛（腺毛）が多いことが特徴。

- 小さなギザギザがある
- 枝先に6枚前後の葉がつく
- 70%　裏
- 柄にねばる毛が生える

Q 質問　ギザギザした葉の木の赤ちゃんが生えていました。ドングリの葉っぱに似ています。

[場所] 岐阜市の標高300mの山
[木の高さ] 20cm
[撮影日] 12月

葉の形 注目！ 先に近い方で幅が最大

ふち ギザギザがあるが、さほど大きくない

ナラ類の紅葉は黄色中心だが、幼木は赤色が多い

[マメ知識] 多くのドングリは秋に根を出し、翌春に芽を出す。左写真の木は、ドングリから芽を出して1〜2年と思われる。

A 回答　コナラ【小楢】

ふつう形 ＞ ギザギザ ＞ 落葉 ＞ 交互　A1

分類 ブナ科コナラ属の落葉高木（高さ10〜30m）
似ている木 ミズナラ、ナラガシワ、クヌギなど

鑑定方法 葉はふちにギザギザがあり、先に近い方で幅が広く、枝先に集まってついていますね。これらの特徴をもつ落葉樹はナラ類です。ふつう、**葉に柄（葉柄）があればコナラ**(p.137)、**なければミズナラ**(p.167)ですが、幼木ではコナラも葉柄がない場合が多いので注意です。この木は、**ギザギザがミズナラにしては小さく、葉も小ぶりで、観察地が低標高**なので、コナラでしょう。

解説「ドングリ」という名の木はありませんが、ナラ類はドングリのなる木の代表種です。

コナラの成木の樹形
（成木の葉はp.137、若葉はp.81参照）

くらべて みよう いろいろなドングリ

一般に「ドングリ」と呼ばれているのは、ブナ科の**クヌギ類**、**ナラ類**、**カシ類**、**マテバシイ類**の木の実(堅果)です。広い意味では、シイ類(p.91)、ブナ類(p.166)、**クリ**も含めてブナ科全体の実を指す場合もあります。いずれのドングリも秋に熟し、地面に落ちます。ドングリのお椀(帽子)の部分を殻斗といい、種類を見分けるポイントになります。

コナラ【小楢】
長さ2cm前後で、身近によく見られるドングリの代表種。葉はp.137。ミズナラのドングリは一回り大きい。

100%

お椀は網目模様。ミズナラ、ウバメガシ、マテバシイ、シリブカガシも同様

クヌギ【櫟】
直径2cm強の球形。ドングリの王様といわれ、狭義のドングリはクヌギを指す場合もある。お椀はイソギンチャク状。葉はp.137。アベマキのドングリもそっくり。

100%

マテバシイ【馬刀葉椎】
長さ2〜3cmの背高のっぽ形。アクが少なく、生でも食べられる。公園や街路にも植えられるので、街中でも拾いやすい。葉はp.31。

100%

シラカシ【白樫】
長さ1.5cm前後で小さく、ずんぐりしている。アラカシやウラジロガシのドングリもそっくり。葉はp.105。

100%

お椀はしま模様。アラカシ、ウラジロガシ、アカガシなども同様

野生のクリの実はこの程度の大きさ。お椀はイガ状

クリ 【栗】落葉高木 ブナ科クリ属 A1

100%

北海道〜九州の林にふつうに生える。果樹として栽培される栽培品種は実も葉も大型だが、野生の個体(ヤマグリとも呼ぶ)の実は小さく、甘栗ぐらいの大きさ。葉はクヌギによく似ている。

ギザギザは先まで緑色

60%

6月頃に白い穂状の花が目立つ

樹皮は縦に長く裂ける

200%

冬芽はクリの実の形に似ている

Q 海岸に格好のいいマツの木がありました。これは何マツでしょうか?

葉の形 この距離では見えにくいが、長いはり形とわかる

樹形 ほかの針葉樹と違い、幹は曲がり、いびつな樹形になることが多い

これらは野生のイブキと思われ、自然性の高い環境とわかる

← 注目!

幹 赤くない

[場所] 静岡県伊豆半島
[木の高さ] 15mぐらい
[撮影日] 12月

A クロマツ【黒松】

はり形＞常緑＞たば状

分類 マツ科マツ属の常緑高木(高さ10～35m)
似ている木 アカマツなど

鑑定方法 一般に「マツ」と呼ばれる木には、**山地に多いアカマツと、海岸に多いクロマツ**がありますが、この木は**幹が赤くなく、海岸に生えていることから**、クロマツと思われます。もしアカマツなら、**上部の幹の樹皮がはがれ、スベスベした赤い肌になります**。ただし、若い木は幹で区別しにくいので、葉で見分ける必要があります。**葉先をさわって痛いのがクロマツ、痛くないのがアカマツ**です。なお、海岸にアカマツが生えることもあり、時に両者の雑種が見られる場合もあります。

花は4～5月に咲く。枝先が雌花、つけ根の茶色いのが雄花

くらべてみよう

黒松と赤松

クロマツと**アカマツ**は、葉が2本ずつつくことが特徴で、夫婦円満の象徴ともされます。庭木や建材、燃料として同じように利用されますが、幹の色以外にも、葉、芽、性質などに違いがあります。このほかのマツ類には、短い葉が5本ずつつくゴヨウマツ(p.63)や、長い葉が3本ずつつくダイオウショウ(北米原産で時に植えられる)などがあります。

クロマツ (左ページ参照)

本州〜九州の海岸に生える。大気汚染に強い木で、街路樹、庭木(p.63)、公園樹によく用いられる。葉はやや色濃く、全体的に力強いイメージがあり、雄松(おまつ)、男松(おとこまつ)の別名がある。

アカマツ 【黒松】常緑高木 マツ科マツ属

北海道〜九州の山地にふつうに生え、植林も多い。庭や公園にも植えられるが、大気汚染には弱い。葉は明るい色で、全体的に繊細なイメージがあり、雌松(めまつ)、女松(おんなまつ)の別名がある。

海岸の防風林として植えられることが多い

やせた尾根に多い。内陸で見られるのは大半がアカマツ

枝先の芽は白っぽい

手のひらでふれると痛い

手のひらでふれても痛くない

枝先の芽は赤茶色

葉は太く、長い、堅い

葉は細く、短く、やわらかい

樹皮は網状に裂け、暗い色

80%

80%

樹皮は網状に裂け、赤っぽい

Q 質問 冬の山歩きで、赤くてきれいな枝がよく目につきました。何の枝でしょうか？

[場所] 兵庫県姫路市の低山
[木の高さ] 2〜3m
[撮影日] 2月

ふちはやや波打つ

注目！ **枝** **冬芽**
枝も冬芽も赤い。冬芽は交互につく

実
裂けて小さなタネを飛ばす

70%

夏は芽は緑色

A 回答 ネジキ【捩木】

ふつう形＞なめらか＞落葉＞交互 C1

分類 ツツジ科ネジキ属の落葉小高木（高さ3〜7m）
枝が似ている木 ザイフリボク、ミズキ、カエデ類など

鑑定方法 赤い冬芽（ふゆめ）や枝が目立つ木には、カエデ類、ミズキ、ネジキ、ザイフリボクなどがありますが、**芽が交互についている**ので、カエデ類は除外できます。この木は、枝に**ツツジ科特有の実がついている**のでネジキとわかりますが、実がなくても、ミズキ（p.123）は芽と芽の間隔が広いので異なりますし、ザイフリボクは芽が細長くてとがるので区別できます。
解説 ネジキは本州〜九州に分布し、乾燥した尾根やアカマツ林によく生えます。**樹皮の裂け目がややねじれる**ことが名の由来で、初夏にスズランのような白花をつけます。

水滴形で赤くつやがある

150%

マメ知識
芽が赤いので、アカメ、サカムコノキの地方名もある

樹皮はねじれる

ほかにもあるの？ 個性豊かな冬芽を観察してみよう

冬の落葉樹は、枝についた冬芽や、残っている実、樹皮、落ち葉などで見分けます。冬芽は小さくて見過ごされがちですが、形や色、冬芽を覆う皮（芽鱗）の枚数、毛の有無に加え、葉が落ちた痕（葉痕）と合わせて観察すると、大半の木を見分けられます。冬芽の形が鷹の爪に似て見える**タカノツメ**や、葉痕が人や動物の顔に見える**クズ**や**ムクロジ**、冬芽が青白い**アオダモ類**など、意外に個性豊かな冬の木の芽を観察してみて下さい。

150%
冬芽
葉痕はとぼけた顔に見える

20%

クズ【葛】 J1

マメ科のつる植物。北海道〜九州のヤブによく茂る。葉はみつば形で大きい。太いつるには顔のような葉痕（ようこん）がある。夏〜秋に紫色の花が咲く。

冬芽
葉痕は細いV字形で、何層も重なっている
葉やつるは毛が生える

黄葉
30%
秋は鮮やかに黄葉する

タカノツメ【鷹の爪】 I1

ウコギ科の落葉小高木。北海道〜九州の山地の尾根などに生える。冬芽は短くとがり、タカの爪のような形。若葉は香りがあり、山菜にもなる。

150%

葉痕は笑った顔や猿の顔に見える
冬芽

ムクロジ【無患子】 P1

ムクロジ科の高木。関東以西の暖かい林に時に生え、時に社寺や庭に植えられる。実は石けんの代用、タネは羽根つきの玉になる。

先端の小葉はない

150%
20% 黄葉

冬芽は青紫色を帯びた不思議な色

マルバアオダモ【丸葉青だも】 N2 P2

モクセイ科の落葉小高木。北海道〜九州の山地の尾根などに生える。アオダモ(p.59)より低標高に多く、葉はやや丸みがある。

枝を折って水につけると、薄く青色に染まる

150%

30%
ギザギザはごく小さく、見えにくい

冬芽も葉も対につく

157

Q 質問 小さな松ぼっくりみたいな実がついた木に、イモ虫みたいな花が咲いています。

[場所] 茨城県の低山
[木の高さ] 10m弱
[撮影日] 3月

実 ふつう1個ずつ枝につく

←注目！

地面に落ちた花

花 イモムシに見えるのは雄花。他種より太い

A 回答 オオバヤシャブシ【大葉夜叉五倍子】 ふつう形 > ギザギザ > 落葉 > 交互 A1

分類 カバノキ科ハンノキ属の落葉高木（5〜15m）
似ている木 ヤシャブシ、ヤマハンノキなど

鑑定方法 このような実や花をつけるのは、**ヤシャブシ類とハンノキ類**です。花は早春の2〜4月頃しか見られませんが、**実はほぼ一年中ついているので、よい見分けポイント**になります。写真をよく見ると、枝に**1個ずつ実がついています**ね。これはオオバヤシャブシの特徴なので、この点で他種と区別できます。

解説 ヤシャブシ類やヤマハンノキは、やせ地でもよく育つので、山を削った場所の緑化用によく植えられます。中でもオオバヤシャブシは、西日本を中心に多く植えられており、近年は花粉症も発生しています。

実 100%
他種より大きい

ほかにもあるの？ ヤシャブシとハンノキの仲間　A1

ヤシャブシ類とハンノキ類（いずれもカバノキ科ハンノキ属）は、小さな松笠状の実をつけることが特徴で、実の数や大きさで区別できます。葉や樹皮を確認すると、より見分けやすくなるでしょう。いずれも根に根粒菌が共生し、土壌を豊かにする性質があります。

オオバヤシャブシ

（左ページ参照）　本来は本州中部の暖地に分布するが、本州〜九州の海辺から山地まで広く植えられている。葉はヤシャブシ類で最大。本種もヤシャブシも樹皮は不規則にはがれる。

下ぶくれの形が特徴

50%
50%

ヒメヤシャブシ【姫夜叉五倍子】

落葉低木。北海道〜本州・四国の主に日本海側に生える。時にオオバヤシャブシなどに混じって植えられる。葉は細く、実はヤシャブシ類で最小。

実 100%

実は3〜6個ずつつく

50%

ヤシャブシ【夜叉五倍子】

落葉高木。本州〜九州の寒冷な山地に生え、緑化用に植えられる。葉はオオバヤシャブシに似るが小型。実はふつう2〜3個ずつつく。

実はふつう2〜3個ずつつく

実 100%

小さなギザギザがある

ハンノキ【榛の木】

落葉高木。北海道〜九州の湿地や河原などに生え、水辺以外では目にしない。樹皮は縦に裂ける。

実 100%

50%

実は1〜5個ずつつく

ヤマハンノキ【山榛の木】

落葉高木。北海道〜九州の山地に生え、緑化用に植えられることも多い。葉は丸く、樹皮は滑らか。

実 100%

実は3〜5個ずつつく

大きなギザギザがある

50%

[マメ知識]
葉の裏に毛が多い個体がよく見られ、これをケヤマハンノキと呼ぶ。

街の中 / 庭 / 暖かい林 / やや暖かい林 / 寒い林

> **Q 質問** 春の野山で山菜採りをしたいと思います。山菜になる木と、注意点を教えて下さい。

> **A 回答** タラノキなどウコギ科の木が代表的です。採りすぎや、かぶれる木にご注意下さい。

解説 山菜の王様と呼ばれ、「タラの芽」の名で知られるのがウコギ科の**タラノキ**です。樹高2～4mの低木で**枝分かれが少なく、トゲのある幹だけが直立する姿**が特徴です。**日当たりのよい場所**を好み、日本各地のヤブや伐採跡地、河原などに生えます。同科の**ハリギリ、コシアブラ、ヤマウコギ**をはじめ、サンショウ(p.107)やニワトコ(p.133)も山菜の木です。

注意点 山菜採りで注意したいのは、採りすぎや地主さんとのトラブルです。山の所有者はわかりにくいのが難点ですが、**管理された林や、自然公園内での採取はやめましょう**。畑で栽培されているタラノキもあるので、これももちろんダメです。また、すべての芽を摘むと木が枯れる恐れがあるので、**必ずいくつか芽を残す**のがマナーです。山菜の食べ過ぎはお腹を壊しやすく、資源保護の観点からも採りすぎは避けましょう。あとは、ヤマウルシ(右ページ)など**かぶれる木**と間違えないようにご注意下さい。

タラノキ N1
【楤の木】落葉低木
ウコギ科タラノキ属

軸や柄にふつうトゲがある
1枚の葉の一部分
50%

食べ頃の新芽。幹は白っぽくトゲが多い

これが1枚の葉

夏に白花をつける。1枚のはね形の葉は縦横50cm以上になり、2回羽状複葉と呼ばれる

もっとくわしく 山菜になるウコギ科の木

ウコギ科は葉や茎に特有の香りがある木が多く、**タラノキ**、**ハリギリ**、**コシアブラ**、**ウコギ類**、タカノツメ(p.157)などの新芽が山菜になります。食べ頃は葉が開ききる前ですが、芽吹きの時期は見分けにくいので、枝や葉の様子をよく確認して見分けることが大切です。

ハリギリ E1

【針桐】落葉高木
ウコギ科ハリギリ属

日本各地の山地に生え、寒地ほど多く、大木になる。葉はカエデ類に似るが、交互につき、枝や若い幹(p.107)にトゲがあることが違い。タラノキに次ぐ代表的な山菜の木。別名センノキ(栓の木)。

ふちにギザギザが並ぶ

30%

ちぎるとウコギ科特有の香りがある

コシアブラ K1

【漉油】落葉小高木〜高木
ウコギ科コシアブラ属

北海道〜九州の山地や乾いた林に点々と生える。葉は大きな5枚セットのてのひら形で、枝にトゲはない。山菜として近年人気が高まり、味はタラノキより濃厚。秋は白に近いレモンイエローに黄葉する。

ここに柄があることが特徴

30%

ヤマウコギ

【山五加木】落葉低木
ウコギ科ウコギ属 K1

本州・四国の山地や河原に生える。葉は小型の5枚セット。枝にトゲがある。新芽をウコギ飯にして食べる。北日本に多いケヤマウコギや、中国原産のヒメウコギも山菜。

40%

葉はほぼ無毛。ケヤマウコギは両面に毛が多い

ウルシ類と間違えないように

ヤマウルシ(右)は樹高2〜4mで、樹液にふれるとかぶれます。芽吹きは赤みが強く、トゲはありません。山菜と間違える人が多いので注意。葉はp.145。 P1

Q 山の中で、アジサイのような白い花が咲いていました。ヤマアジサイでしょうか？

[場所] 兵庫県六甲山　[木の高さ] 3〜4m　[撮影日] 6月

樹形 枝を水平によく伸ばす

飾り花 5裂し、うち1つが小さい

注目！

生殖機能がある花

飾り花。生殖機能はない

ふち ギザギザは角張る

A ヤブデマリ【藪手鞠】

ふつう形＞ギザギザ＞落葉＞対　A2

分類 ガマズミ科ガマズミ属の落葉小高木（高さ2〜5m）
似ている木 ムシカリ、ヤマアジサイ、ノリウツギなど

鑑定方法 アジサイ類は飾り花（装飾花）が4つに裂けるのが基本ですが、この花は5つに裂けることが違いです。また、**5つのうち1つが小さいのがヤブデマリの特徴**で、5つともほぼ同じならムシカリです。**葉は対につき、山型のギザギザ（鋸歯）が目立つ**ことが特徴です。

解説 ヤブデマリは本州〜九州の山地の谷筋に生えます。5〜6月に白花を咲かせ、晩夏に赤や黒の実をつけます。花がすべて飾り花になった栽培品種、オオデマリが庭木にされます。

平行に並ぶすじ（側脈）が目立つ

70%

柄は長さ2〜3cmで毛が生える

ほかにもあるの？ 山に咲くアジサイに似た花

初夏の山では、アジサイ科の**ヤマアジサイ**の仲間が次々花を咲かせます。一方で、ガマズミ科の**ヤブデマリ**、**ムシカリ**、カンボク(p.73)もアジサイそっくりの花を咲かせ、よく混同されます。両者はまったく異なる科ですが、葉の形も同じグループで、不思議とよく似ています。

ムシカリ 【虫狩】落葉小高木 ガマズミ科ガマズミ属

北海道〜九州の寒い林に生える。花は白色でヤブデマリに似る。葉はまん丸で径15cm前後と大きく、亀の甲羅に似るので、オオカメノキ（大亀の木）の別名もある。

花期は4〜6月。飾り花は5裂し、5つともほぼ同大

ヤマアジサイ 【山紫陽花】落葉低木 アジサイ科アジサイ属

北海道〜九州の山地の谷筋に生える。花は青、白、ピンク色などで、地域によって花や葉の変異が多い。葉はアジサイ(p.75)より薄く光沢が弱い。栽培品種が多く、庭木にされる。

花は6〜8月に咲き、飾り花は4裂する

ノリウツギ 【糊空木】落葉小高木 アジサイ科アジサイ属

北海道〜九州の寒冷な山野に生える。白い花が真夏に咲く。葉は長さ10〜15cm、柄が3〜4cmと長く赤い。名は樹液で糊をつくるため。飾り花ばかりの栽培品種が庭木にされる。

花は7〜9月に咲き、ピラミッド型。飾り花は4裂する

ツルアジサイ 【蔓紫陽花】落葉つる性樹木 アジサイ科アジサイ属

北海道〜九州の寒い林に生える。気根(きこん)を出して木の幹などに登る。白い花が6〜7月に咲く。葉は円形に近く、細いギザギザが多い。よく似たイワガラミはギザギザが少なめ。

飾り花は4裂する。イワガラミの飾り花は裂けない

163

街の中　庭　暖かい林　やや暖かい林　寒い林

Q 質問
キャンプ場の沢を覆うように生えていた木で、ツンツンとがった葉が特徴的でした。

[場所] 神奈川県丹沢山地
[木の高さ] 10m弱
[撮影日] 7月

若葉は赤みを帯びる

注目！

花 3〜4月に赤い花をつける。地味で桜の花には似ていない

葉の形 ふち ほぼ円形で、先端とふちのギザギザが所々飛び出る

A 回答　フサザクラ【房桜】

ふつう形＞ギザギザ＞落葉＞交互　A1

分類 フサザクラ科フサザクラ属の落葉高木（高さ5〜13m）
似ている木 ハクウンボク、ツノハシバミなど

鑑定方法 ほぼまん丸の葉で、先端とふちのギザギザが角のように飛び出る形が独特ですね。このシルエットだけでフサザクラとわかります。同じく丸い葉のハクウンボクは、これほどギザギザが目立ちません。沢を覆うように枝を広げることが多く、「沢蓋木」の別名もあります（※サワフタギは別種 p.141）。

解説 フサザクラは本州〜九州に分布し、寒い林の湿った場所に生えます。房状に咲く花が名の由来ですが、サクラ類とは異なる仲間です。

70%

ほかにもあるの？ 丸い葉・大きな葉

山で見かける丸い葉は、ほかに**ハクウンボク**、**ウラジロノキ**、ムシカリ(p.163)、ツノハシバミ(p.81)、カツラ(p.26)などがあります。大きな葉の**オオバアサガラ**も**フサザクラ**と同様に沢沿いに生えます。

花

オオバアサガラ【大葉麻殻】
エゴノキ科の落葉小高木。本州〜九州の寒い林に生える。6月に白花をぶら下げる。枝は麻の茎のように折れやすい。 A1

大きな山型のギザギザ

すじ(葉脈)はくぼみ、裏面に突出する

70%

実

ウラジロノキ【裏白の木】
バラ科の落葉小高木。本州〜九州の山地の尾根に生える。葉の裏はまっ白。秋に赤い実がなる。よく似たアズキナシは、葉裏は白くなく、ギザギザは小さい。

葉先が突き出る

70%

ギザギザは小さく、ほとんどない葉もある

ハクウンボク【白雲木】
エゴノキ科の落葉小高木。北海道〜九州の寒い林に時に生え、時に公園や社寺に植えられる。5〜6月に白い花が雲のように連なって咲く。 A1 C1

花

60%

165

Q 質問 尾瀬の森で、きれいな葉っぱの木を見ました。幹は不思議なまだら模様でした。

[場所] 福島県西部
[木の高さ] 約20m
[撮影日] 7月

ふち 波打つ

幹 白・青緑・灰色などの地衣類がつき、まだらになる

これはコケ

A 回答 ブナ【橅・山毛欅】

ふつう形 ＞ なめらか／ギザギザ ＞ 落葉 ＞ 交互　C1　A1

分類 ブナ科ブナ属の落葉高木（高さ10〜30m）
似ている木 イヌブナ、ケヤキ、シデ類、ネジキなど

鑑定方法 葉のふちを見ると、きれいな波形になっていますね。これはブナとイヌブナだけの特徴です。**葉のすじ(側脈)が少なめで、樹皮が白っぽいなまだら模様**なので、ブナと確信が持てます。**樹皮の模様は、地衣類**(菌類と藻類の共生体)**やコケが付着してできたもの**で、本来の樹皮は無地の灰色です。ブナは白ブナの別名があるのに対し、イヌブナの樹皮は暗い灰色で、地衣類はあまりつかないので、黒ブナの別名があります。ブナは寒い林を代表する木で、森の女王とも呼ばれます。

紅葉したブナ。ケヤキ(p.18)に似たおうぎ形の樹形になる

もっとくわしく 寒い林の主役・ブナとミズナラ

日本の自然林は、暖かい地方ではシイ・カシ・タブ林が多く、やや暖かい地方ではコナラ・クリ林が多いのに対し、冬に雪が積もる寒い地方では、**ブナ・ミズナラ**林が広く見られます。特にブナは、自然がよく残った山地に多く、原生林の象徴的な存在になっています。

ブナ（左ページ参照）

北海道〜九州に分布し、大木も多い。秋に熟す実はクマの好物で、人も食べられる。

- 横に伸びるすじ（側脈）は10対前後
- すじの先端部がくぼむ
- 裏面のすじ上に白い毛が多い。ブナはほぼ無毛

70%

イヌブナ【犬橅】 C1 A1

本州〜九州に分布。ブナより標高が低い山地に生え、個体数はさほど多くない。

裏 70%

- 側脈は15対前後あり、ブナより多い

ミズナラ【水楢】

北海道〜九州の寒い林に最もふつうに生える木。大木も多い。名は水分をよく含むため。別名オオナラ。

A1

樹皮は縦に裂け、紙状にはがれる

若木の樹形。秋は黄葉する

70%

- 大きな鋭いギザギザがある。よく似たコナラ(p.137)は、ギザギザも葉の大きさも一回り小さい
- 柄（葉柄）はほとんどない。コナラは約1cmの柄がある

Q 質問 別荘地の近くの森に、オレンジ色っぽい幹の木があります。これもシラカバでしょうか？

[場所] 群馬県の武尊山　[木の高さ] 約10m　[撮影日] 7月

白いのはシラカバ

←注目！
幹 オレンジ色を帯びる

樹皮 横すじがあり、薄くはがれる

A 回答　ダケカンバ【岳樺】　ふつう形＞ギザギザ＞落葉＞交互　A1

分類 カバノキ科カバノキ属の落葉高木（高さ4〜20m）
似ている木 シラカバなど

鑑定方法 まっ白な幹はシラカバ、というのはご存じの通りですが、**少しオレンジ色を帯びた幹はダケカンバ**です。いずれも**横向きのすじが入り、樹皮が紙のようにペラペラはがれる**ことが特徴で、成木ならふつうは幹だけでも見分けられます。

解説 ダケカンバは北海道〜中部地方・四国の高山に分布します。シラカバより標高の高い場所に生え、森林がなくなる高山帯（森林限界）に多いので、高山のトレッキングでよく見かける木です。秋は美しく黄葉します。

80%

横向きのすじ（側脈）が7〜12対あり、シラカバより多い

ほかにもあるの？ 白くて横すじがある幹

横すじがある幹は、**シラカバ**や**ダケカンバ**を含むカバノキ類と、ヤマザクラ(p.110)などのサクラ類の特徴です。中でも、まっ白なシラカバ、クリーム色のダケカンバの樹皮はひときわ美しく、爽快な高原や高山を象徴する風景となっています。このほか、シラカバほどではありませんが白っぽくて横すじがある幹に、**ミズメ**、ウダイカンバ(別名マカバ)、イヌザクラ(p.111)などがあります。

シラカバ A1
【白樺】落葉高木
カバノキ科カバノキ属

北海道～中部地方の寒い林に生える。別名シラカンバ。樹皮が白く美しく、黄葉も鮮やかなので、主に寒地で庭や公園、街路に植えられる。暖地では「シラカバ・ジャクモンティー」と呼ばれるヒマラヤ原産の栽培品種が植えられることも多い。ダケカンバが植えられることはまれ。

北海道では街中に多数植えられている

幹に黒いへの字模様ができることもダケカンバとの違い

80% 黄葉
側脈は5～8対でダケカンバより少ない

ミズメ A1
【水目】落葉高木
カバノキ科カバノキ属

本州～九州の寒い林に生える。幹や枝を傷つけると、湿布薬の匂い(サリチル酸メチル)がすることが特徴。樹皮がサクラ類に似るので、木材業者はミズメザクラなどと呼ぶ。ヨグソミネバリ(夜糞峰榛)、アズサ(梓)の別名もある。

樹皮は灰色で横すじが入る

80%
つけ根はややハート形

Q質問 近所の河原に、大きなはね形の葉の木が何本も生えています。何の木でしょう？

[場所] 神奈川県秦野市　[木の高さ] 約5m　[撮影日] 7月

注目！ 隣り合う小葉が重なるほど大きい

これ全体で1枚の葉
葉軸
小葉

この距離だと、同じく河原に多いヌルデなどと区別しにくい

ふち この写真では見にくいが、小さなギザギザがある

A回答 オニグルミ【鬼胡桃】

はね形 > ギザギザ > 落葉 > 交互　N1

[分類] クルミ科クルミ属の高木（高さ7〜15m）
[似ている木] サワグルミ、ヌルデ、カラスザンショウ、キハダなど

[鑑定方法] まず、**小さな葉（小葉）がはね形に集まって1枚の葉が構成されている（羽状複葉）**ことがわかりますか。ギザギザの有無や、葉のつき方はよく見えませんが、右写真のように、**小葉が重なり合うほど大きい**葉といえば、河原によく生えるオニグルミが挙げられます。よく似たサワグルミは小葉がより細く、ヌルデ（p.132）は葉の軸（葉軸）に翼があるので区別できます。

[解説] オニグルミは北海道〜九州の河原や渓谷に生えるクルミで、実は食べられます。写真の木はまだ若いようなので、実は少ないかもしれません。やや寒い地方に多い木ですが、東京近郊の河原にもふつうに生えています。

どんな実がなるの？ クルミ類の実をくらべてみよう

　ナッツやお菓子に使われるクルミの多くは、西アジア原産の**カシグルミ**の実です。**オニグルミ**はもともと日本にある野生のクルミで、実はやや小さいものの、味はカシグルミとほぼ同じです。実の果肉状の部分は、落下した後に黒く腐るので取り除き、中の殻を割って種子を取り出して食べます。殻の表面がゴツゴツしているので「鬼」の名があり、滑らかなものはヒメグルミと呼ばれます。このほかに、**サワグルミ**と**ノグルミ**が日本に分布しますが、いずれも実の形がまったく異なり、食用にはなりません。

オニグルミの実は緑色で径4㎝前後

80%
オニグルミの実の殻

80%
サワグルミの実

サワグルミ 【沢胡桃】落葉高木 クルミ科サワグルミ属 N1

　北海道〜九州の寒冷な山地の沢沿いによく群生する。幹が直立し、オニグルミより長身の樹形になる。実は長さ40㎝前後の穂になってぶら下がり、プロペラ状の翼がある。葉はオニグルミより小ぶりで、小葉が細い。同じ環境に生えるヤチダモ(p.177)、キハダ(p.135)の葉も似ているが、これらは羽状複葉が対につくことが違う。中国原産のシナサワグルミは先端の小葉がなく、暖地の公園に時に植えられる。

すらりとした長身樹形が特徴

実。落下すると水に乗って流れる

カシグルミ 【菓子胡桃】落葉小高木 クルミ科クルミ属 P1

　西アジア原産。日本でも時に栽培される。葉はふちにギザギザがなく、実は一回り大きいことがオニグルミとの違い。別名テウチグルミ、ペルシャグルミ。

ノグルミ 【野胡桃】落葉高木 クルミ科ノグルミ属 N1

　東海地方〜九州の暖かい低山に点々と生える。実は長さ約4㎝の松笠状で、ヤシャブシ類(p.159)の実に似ている。葉はサワグルミよりさらに小葉が細い。

Q 長さが40cmもある大きな葉がありました。何の木でしょう？

[場所] 山梨県の山
[木の高さ] 10mぐらい
[撮影日] 8月

つき方 枝先に葉が集まってつく

葉の形 これが1枚の葉。長さ30〜45cmにもなる

注目! ふちにギザギザはない

A ホオノキ【朴の木】

ふつう形＞なめらか＞落葉＞交互 C1

分類 モクレン科モクレン属の落葉高木（高さ10〜25m）
似ている木 トチノキ、アワブキ、オオヤマレンゲなど

鑑定方法 これほど大きく長い葉といえば、まずホオノキが代表的です。同じく大きな葉のトチノキも似ていますが、葉のふちにギザギザがあるので区別できます。また、**ホオノキはふつう形の葉が枝先に集まってつくのに対し、トチノキの葉は7枚セットのてのひら形の葉です。**

解説 ホオノキは北海道〜九州の山地に点々と生え、寒い地方ほど多く、時に公園などにも植えられます。葉は朴葉と呼ばれ、食べ物を包むのに使われるため、「包」が名の由来といわれます。花も大きくて香りがよく、葉も花も日本最大級の木です。

花は径約30cmで5〜6月に咲く

信州の郷土料理の朴葉焼き

くらべて みよう ホオノキとトチノキ

遠くから見るとよく似ている**ホオノキ**と**トチノキ**ですが、葉はふつう形(単葉)とてのひら形(掌状複葉)で、構造がまったく違います。

ホオノキ
(左ページ参照)

ギザギザ はない

40%

1枚の葉は 7枚の小葉 からなる

細かいギザ ギザがある

枝

トチノキ K2

【栃の木】落葉高木
ムクロジ科トチノキ属

北海道〜九州の寒冷な山地の谷間に生え、大木になる。街路樹にもされる。実は栃餅にして食べられる。秋は黄葉する。

花はキャンドル状で5〜6月に咲く

これ全部で 1枚の葉

40%

葉柄(ようへい)

Q 質問 白い花が咲いた木の幹に、傷がありました。これは何の木で、何の傷でしょう？

注目！

シカの角状に枝が分岐する

葉の形 先に近い方で幅が最大

花 穂になる

シカに樹皮を食べられた痕

[場所] 徳島県の剣山
[木の高さ] 約5m
[撮影日] 8月

A 回答 リョウブ【令法】

ふつう形＞ギザギザ＞落葉＞交互 A1

分類 リョウブ科リョウブ属の落葉小高木（高さ3〜8m）
似ている木 ナツツバキ、アワブキなど

鑑定方法 枝先に長い葉（ふつう長さ10cm強）が集まってつき、真夏に穂状の白花が咲いていることや、シカの角に似た枝ぶりから、リョウブとわかります。幹の傷は、樹皮をシカにかじられた痕（食痕）でしょう。本来は幹は、サルスベリに似たまだら模様になります（右ページ）。

解説 リョウブは北海道〜九州の乾いた山地に生え、ミズキやモミなどとともにシカが好む木の一つです。近年は全国的なシカの増加により、リョウブに限らず、かじられた樹皮を見る機会が増えました。

中央より先側で幅が最大

70%

柄は赤いことが多い

もっとくわしく　サルスベリに似た、まだら模様の樹皮

　リョウブの幹は、樹皮がはがれてスベスベしたまだら模様になるので、地方によっては「**サルスベリ**」とも呼ばれます。**ナツツバキ**や**ヒメシャラ**の樹皮もまだら模様になり、特にナツツバキとリョウブはよく似ています。（暖地の林で見られるまだら模様の幹はp.96参照）

リョウブ （左ページ参照）

老木ほど幹の樹皮がよくはがれるが、ナツツバキほどきれいなまだら模様にはならないことが多い。時に樹皮が細かく裂けて残る個体もある。

白い部分が目立つことが特徴

サルスベリ 【猿滑・百日紅】落葉小高木 ミソハギ科サルスベリ属 C1 C2

中国原産で庭や公園、街路に植えられる。樹皮はツルツルになり、サルも滑りそうなことが名の由来。同属のシマサルスベリ(p.97)は、樹皮は白いまだら模様がより目立つ。花はp.65。

まだら模様はあまり目立たない

葉先は丸い
60%
裏
交互または対につく

ナツツバキ 【夏椿】落葉高木 ツバキ科ナツツバキ属 A1

関東〜九州の寒い林に生え、庭や公園、お寺に植えられる。樹皮はオレンジ色やベージュ色のまだら模様。初夏にツバキ(p.45)に似た白花をつける。別名シャラノキ(沙羅の木)。

まだら模様が特に美しい
表面のシワが目立つ
50%

ヒメシャラ 【姫沙羅】落葉高木 ツバキ科ナツツバキ属 A1

関東〜九州の寒い林に生え、庭や公園、お寺に植えられる。樹皮は細かくきれいにはがれ、全体がオレンジ色になり目立つ。花も葉もナツツバキより一回り小さい。

橙色中心で模様は少ない
小さなギザギザがある
50%

街の中

Q 質問 北海道で、赤い実をつけた木をたくさん見ました。幹は細く分かれていました。

- **樹形**：なだらかに枝を広げたおうぎ形
- **幹**：複数の幹が出ることも多い（株立ち樹形）
- **←注目！ 実**：赤い実の房が垂れ下がるようにつく

[場所] 北海道中部の国道沿い
[木の高さ] 約10m
[撮影日] 9月

A 回答 ナナカマド【七竃】

はね形＞ギザギザ＞落葉＞交互

[分類] バラ科ナナカマド属の落葉小高木（高さ4～12m）
[似ている木] ウラジロナナカマド、ニガキ、クルミ類など

[鑑定方法] **赤い実のかたまり**をつけた様子や、**おうぎ形に広がった樹形**、そして**北海道でたくさん見た**ということから、ナナカマドと思われます。近寄って見れば、**はね形の葉が交互につくこと**がわかると思います。高山の林であれば、よく似たウラジロナナカマドやタカネナナカマドも見られますが、**街中に植えられるのはナナカマドです**。

[解説] ナナカマドは北海道～九州の寒い林に生え、北国で街路や公園に人気です。特に北海道では最も多い街路樹で、まっ赤な実と紅葉が目立ちます。材は7回竃に入れても燃え残るといわれます。

- 細かいが鋭いギザギザがある
- 40% 紅葉
- 紅葉はまっ赤で非常に美しい

ほかにもあるの？ 北海道でよく見られる木

亜寒帯気候に近い北海道では、本州では少ない樹木がたくさん見られます。街路樹では**ナナカマド**、**アカエゾマツ**、ハルニレ(p.178)、公園や緑地にはイチイ(p.54)、**オオヤマザクラ**、ヨーロッパアカマツなどが多く、**ライラック**、**ハマナス**、エゾムラサキツツジなどの花木も目につきます。田園地帯ではカラマツ(p.184)の防風林や**トドマツ**の植林地があちこちに見られ、水辺の自然林には**ヤチダモ**、ヤナギ類(p.129)、海辺にはカシワ(p.49)が多いのが特徴です。

アカエゾマツ
【赤蝦夷松】マツ科トウヒ属の常緑高木。北海道の山地に生え、街路樹や盆栽にされる。葉はドイツトウヒ(p.187)を太く短くした感じ。エゾマツは少ない。

トドマツ
【椴松】マツ科モミ属の常緑高木。北海道の山地に生え、植林や公園樹も多い。樹形はモミ(p.187)そっくりで、葉はモミより細い。樹皮は白っぽく滑らか。

ヤチダモ
【谷地梻】モクセイ科の落葉高木。北日本の山地の湿地に生え、北海道では公園にも植えられる。葉は大きなはね形で、小葉基部に毛のかたまりがある。

オオヤマザクラ
【大山桜】バラ科の落葉高木。北海道～九州の寒い林に生え、北海道では最もふつうのサクラ。花はピンク色が濃く、葉は幅が広め。別名エゾヤマザクラ。

ライラック
【lilac】モクセイ科の落葉低木。ヨーロッパ原産で庭や公園に植えられる。花は初夏に咲き紫色。葉はハート形で対につく。和名ムラサキハシドイ。

ハマナシ
【浜梨】バラ科の落葉低木。北日本の海辺に生え、公園や庭、街路に植えられる。花は初夏に咲き紅色で、北海道の花に指定されている。別名ハマナス。

街の中 | 庭 | 暖かい林 | やや暖かい林 | 寒い林

Q 質問 神社にあった大木の名前を知りたいです。落ちていた枝にはギザギザの葉がついてました。

[場所] 北海道東部
[木の高さ] 20mぐらい
[撮影日] 10月

幹：縦に細かく裂け、直立する

葉の形：つけ根が左右非対称になる
注目！
先に近い位置で葉の幅が最大

A 回答 ハルニレ【春楡】

ふつう形＞ギザギザ＞落葉＞交互　A1

分類 ニレ科ニレ属の落葉高木（高さ10〜35m）
似ている木 オヒョウ、ハンノキ、アキニレなど

鑑定方法 樹形の写真だけで正確に見分けるのは困難ですが、**北海道で見られる大木**で、**葉が小さめで、樹皮が縦に細かく裂け、幹がほぼ直立する**ことなどから、ハルニレ、オヒョウ、ハンノキ、ヤナギ科の木、ヤチダモ、サワグルミなどが思い浮かびます。

葉の写真を見ると、**葉先に近い方で幅が最大**になり、**やや左右非対称の形**なので、やはりハルニレでしょう。このようなな大木は、葉が確認しづらいことが多いので、双眼鏡などで高い枝の葉の確認しないと、正確に見分けられないこともよくあります。

花は3〜5月に咲くが地味

樹皮は白っぽく縦に裂ける

もっとくわしく 「エルム」の名で知られるニレの仲間

一般に「ニレ」と呼ばれるのはニレ科ニレ属の木々で、寒地に多い**ハルニレ**と**オヒョウ**、暖地に多い**アキニレ**の3種が日本に分布します。中でもニレの代名詞的存在といえるのが、立派な大木も多いハルニレで、ニレ類の英名「エルム」と呼ばれることもあります。

ハルニレ
（左ページ参照）

北海道〜九州の寒冷な山地の谷沿いに生える。九州では例外的に暖地にも生える。主に北日本で公園や街路に植えられ、樹形はケヤキ（p.18）に似て美しい。名は春に花が咲くためだが、花は目立たない。

大小2重のギザギザがある

両種とも左右非対称のゆがんだ葉の形が特徴

70%

アキニレ A1

【秋楡】落葉小高木
ニレ科ニレ属

中部〜九州の海辺の林や河原に生え、本州以南で公園や街路に植えられる。名は秋に花が咲くためだが、ハルニレ同様に地味。葉も樹高もハルニレより小型で、樹皮はうろこ状にはがれることが違う。

落葉樹にしては色濃く堅く、光沢がある

樹皮

70%

オヒョウ E1 A1

落葉高木
ニレ科ニレ属

北海道〜九州の寒冷な山地の谷間に時に生える。名はアイヌ語に由来する。別名アツシ。樹皮は丈夫で織物に使われる。葉は先が浅く裂ける形と、裂けない形があり、裂けない葉はハルニレにそっくり。

不規則に浅く切れ込みが入る形が独特

60%

Q カエデとモミジはどう違うのですか？

A 「カエデ」は木の名前です。「モミジ」にはいろいろな意味があります。

解説 「カエデ」は、ムクロジ科カエデ属の樹木全般を指す言葉で、正式な植物の名前として学術的にも使われる用語です。語源は、葉がカエルの手に似ていることから「蛙手」に由来し、現在は「楓」の漢字があてられます。

一方の「モミジ」は、漢字で「紅葉」と書くように、木々が赤や黄色に紅葉することや、紅葉した葉を指す意味が本来あります。よって、紅葉した木はどれも「モミジ」と呼べますが、中でもカエデ類の紅葉が美しいので、モミジといえばカエデ類を指すことが多くなったようです。さらに、カエデ類の中でも特に紅葉が美しいイロハモミジ、オオモミジ、ヤマモミジには、木の名前に「モミジ」の語がつけられ、これら3種類を特に「モミジ」と呼ぶ場合もあります。

オオモミジ【大紅葉】
ギザギザは細かい
北海道〜九州の山地に生える小高木で、庭や公園にも多く植えられる。紅葉は赤や黄色。

イロハモミジ【以呂波紅葉】
ギザギザはあらい
本州〜九州の低地に生える小高木。庭や公園にもよく植えられる。葉はカエデ類最小。切れ込みを「いろは…」と数えたことが名の由来。紅葉は赤が多い。樹形はp.39。

ヤマモミジ【山紅葉】
ギザギザはあらい
オオモミジの変種で日本海側に分布。葉の大きさや紅葉の色はオオモミジと同じ。

マメ知識 イロハモミジ、オオモミジ、ヤマモミジから、ノムラモミジ(p.52)やシダレモミジなど多くの栽培品種が作られている。

ほかにもあるの？ いろいろなカエデの仲間

ムクロジ科カエデ属の木は葉が対につき、切れ込みのある葉（分裂葉）が多いことが特徴です。しかし、**チドリノキ**のように切れ込みがない葉もあります。この両ページに紹介した木は、全てムクロジ科カエデ属の落葉樹で、このほかにウリハダカエデ(p.182)、ウリカエデ(p.183)、トウカエデ、ハナノキ(以上p.33)、メグスリノキ(p.135)、ミネカエデなどが日本で見られます。

コハウチワカエデ【小羽団扇楓】 E2

本州～九州の山地に生える高木。山で見られる代表的なカエデ。紅葉は赤や橙色。

7～9つに裂ける

70%

カエデ類には珍しくギザギザがない

チドリノキ【千鳥の木】 A2

本州～九州の山地の谷沿いによく生える小高木。別名ヤマシバカエデ（山柴楓）。紅葉は黄色。

70%

葉はシデ類(p.147)に似るが、対につく

柄が長い

イタヤカエデ【板屋楓】 G2

北海道～九州の山地に生える高木。黄葉するカエデの代表種。葉の切れ込みの深さや毛の量は変異が多い。

70%

5～7つに裂ける

カジカエデ【梶楓】 H2

本州～九州の山地に時に生える高木。紅葉は黄色や橙色。

60%

ハウチワカエデ【羽団扇楓】 E2

北海道～本州の山地に生える小高木。葉は天狗の羽団扇のように丸い。紅葉は赤～黄色。

9～11に裂ける

70%

柄は短い

Q 山の中に、幹が緑色っぽい木がありました。何の木でしょうか？

[場所] 長野県南部の山
[木の高さ] 7mぐらい
[撮影日] 11月

幹 緑色に黒い縦しまが入る → 注目！

注目！ ソロバン玉のようなひし形模様が連なる

年数を経ると、幹全体がこの色になる

A ウリハダカエデ 【瓜膚楓】

もみじ形＞ギザギザ＞落葉＞対　E2

分類 ムクロジ科カエデ属の落葉小高木（高さ6〜12m）
似ている木 ウリカエデ、ホソエカエデ、アオギリなど

鑑定方法 緑色の幹といえば、山の木ならウリハダカエデとウリカエデ、街中の木ならアオギリが有名です。写真の木は、**ひし形の模様(皮目)が多くて目立つ**ので、ウリハダカエデと思われます。名の通り、ウリの模様に似た緑と黒のしま模様がありますが、老木ほど緑色の部分は減ってきます。

解説 ウリハダカエデはカエデの代表種で、本州〜九州の山地に生えます。葉は浅く3〜5つに裂け、秋は鮮やかな朱色や黄色に紅葉して目立ちます。

マメ知識 ウリハダカエデは裏面に毛があるが、ホソエカエデは無毛。

紅葉 60%

もっとくわしく 緑色の幹を観察してみよう

緑色の幹は、**ウリハダカエデ**、**ウリカエデ**、ホソエカエデ、**アオギリ**をはじめ、イロハモミジ(p.39)やオオモミジ(p.180)の若木でも見られます。しかし、幹の様子は樹齢や個体による差が大きく、同じ木でもかなり違うことがあります。ウリハダカエデの場合、若木は緑色が鮮やかで、次第にひし形の皮目が増え、老木(ろうぼく)では全体が白っぽい褐色になります(右写真)。前述のほかの木も、年数を経ると褐色になります。

比較的若い木の幹(径20cm)　　大きな老木の幹(径35cm)

ウリカエデ

【瓜楓】落葉小高木
ムクロジ科カエデ属　E2　A2

本州〜九州の山地に生える。幹はウリハダカエデに似て、緑色で黒い縦すじがあるが、ひし形の皮目は少なく、目立たない。老木では白っぽい色になる。太い木は少なく、幹は径10cm程度の個体が多い。

浅く3〜5つに切れ込む。切れ込みがない葉もある

60%
黄葉

アオギリ

【青桐・梧桐】落葉小高木
アオイ科アオギリ属　G1

沖縄・中国原産で公園や街路、庭に植えられる。幹が青く(緑色)、葉がキリのように大きいことが名の由来。幹は薄い縦すじが入るが、模様は少ない。老木では白っぽい色になる。葉は3〜5に切れ込み、秋は黄葉する。

ギザギザはない

35%
黄葉

Q 質問
山で撮った風景写真です。尾根に並んでいる黄色い木の名前を教えて下さい。

[場所] 群馬県榛名山の麓
[木の高さ] 15m以上
[撮影日] 11月

紅葉している＝落葉樹

注目！ 幹は直立し、枝は斜め上に出て、三角形の樹形

A 回答 カラマツ【唐松・落葉松】

はり形＞落葉＞たば状

分類 マツ科カラマツ属の落葉高木（高さ5～35m）
似ている木 イチョウ、メタセコイア、ヒマラヤスギなど

鑑定方法 お尋ねの木は、**幹がまっすぐで先がとがった樹形なので、針葉樹**とわかります。針葉樹で紅葉する木（＝落葉樹）といえば、カラマツ、イチョウ(p.35)、メタセコイア(p.35)、ラクウショウぐらいです。このうち**山に生える（植林される）のはカラマツしかない**ので、山地で黄色い針葉樹を見たらカラマツと思って結構です。

解説 野生のカラマツは本州中部の深山に生えますが、北日本を中心に寒地に広く植林されており、その面積はスギ、ヒノキに次いで全国3位です。葉はヒマラヤスギ(p.34)に似ていますがやわらかく、秋は黄～黄土色に美しく色づきます。

葉は明るい色。実は長さ約3cm

黄葉 100%

ふれても痛くない

> ほかにも
> あるの？

高山トレッキングで見られる針葉樹

本州中部の日本アルプスなど、標高1,500mを超える高い山に登ると、広葉樹が減って針葉樹の林が増えてきます。ウラジロモミ(p.187)や**コメツガ**の林、**オオシラビソ**やシラビソ(別名シラベ)の林が代表的で、さらに登ると背の低い**ハイマツ**や高山植物のお花畑が広がります。

コメツガ

【米栂】常緑高木
マツ科ツガ属

本州の中部以北と四国の深山に分布。ウラジロモミやオオシラビソと混生することが多い。樹形はあまり整わない。葉が米のように小さいことが名の由来。よく似たツガは、葉が約1.5倍長く、より低標高に生える。

葉の長短が目立つことがツガ類の特徴

先はくぼむ

100%

オオシラビソ

【大白桧曽】常緑高木
マツ科モミ属

本州の中部以北の深山に分布。よく似たシラビソとともに広い林をつくる、深山の針葉樹林の代表種。別名アオモリトドマツ。樹形や葉はモミ(p.187)そっくり。遠景でシラビソやウラジロモミと区別するのは困難。

中央の葉が寝て、枝が隠れることが他種との違い

先はくぼむ

100%

ハイマツ

【這松】常緑低木
マツ科マツ属

北海道〜中部地方の高山に分布。幹がはうように伸び、樹高はふつう1m前後。背丈の高い木が森林をつくれない高山帯(森林限界)に群生し、日本の高山風景を象徴する木となっている。葉はゴヨウマツ(p.63)に似る。

葉の側面が白いので、木全体が青白く見える

5本ずつ束につく

100%

> **Q 質問** クリスマスツリーに使われる木は何ですか？決まっているのでしょうか？

> **A 回答** モミの木が有名ですが、ウラジロモミやドイツトウヒも多く、決まっていません。

解説 クリスマストゥリー（本書では英語treeの発音に近い「トゥリー」と表記します）の発祥は、**ヨーロッパモミなどの常緑樹に飾りをつけた北欧の風習**といわれます。ヨーロッパモミが分布しない日本では、同じ仲間の**モミがクリスマストゥリーとして知られています**。よく似た**ウラジロモミ**や**ドイツトウヒ**（ヨーロッパでも使われる）もよく使われます。これ以外の針葉樹が使われることもあり、**特にモミの木と決まっているわけではありません**。冬も葉を茂らせる常緑樹は、生命の象徴としての意味があります。

見分け方 モミ類やトウヒ類は、三角形の樹形や、針のような葉の様子がよく似ており、下の写真ぐらいの距離では正確に区別するのは困難です。枝葉を手にとって、裏面や葉先を観察して見分けます（右ページ）。

樹形
両種とも、直線的な枝が斜め上に伸びることが特徴

マメ知識
モミ類やトウヒ類の樹形は、若い木ほど三角形でよく整う。大木ではやや形がくずれ、枝もやや垂れ下がる。

モミの若木を使ったクリスマストゥリー　　ウラジロモミの鉢植え

もっとくわしく クリスマスツリー3種

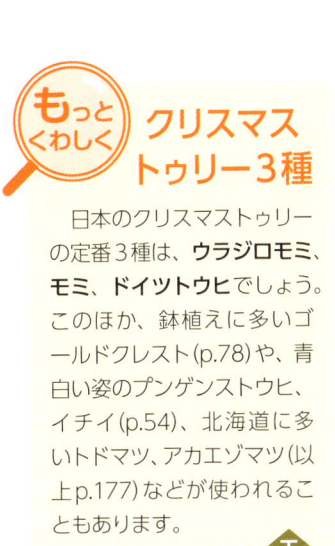

日本のクリスマスツリーの定番3種は、**ウラジロモミ**、**モミ**、**ドイツトウヒ**でしょう。このほか、鉢植えに多いゴールドクレスト(p.78)や、青白い姿のプンゲンストウヒ、イチイ(p.54)、北海道に多いトドマツ、アカエゾマツ(以上p.177)などが使われることもあります。

はり形＞常緑＞はね状

200%
葉先は2股に分かれる

90%

ドイツトウヒ 【独逸唐桧】常緑高木
マツ科トウヒ属

ヨーロッパ原産で主に寒地で公園や庭に植えられる。別名ヨーロッパトウヒ。モミ類と違って葉は表裏の区別がなく、断面はひし形。

葉先は1本

モミ 【樅】常緑高木
マツ科モミ属

本州〜九州の山地の尾根などに生える。社寺にも植えられる。高さ30m以上の大木になる。若い枝は有毛。

有毛

葉裏に2本の薄い白線がある

ウラジロモミ 【裏白樅】常緑高木
マツ科モミ属

本州〜四国の寒冷な山地に生える。社寺や公園にも植えられる。若い枝は無毛でツヤがある。

裏 90%

葉先はわずかに2股

90%

裏 90%

葉裏の線は真っ白で目立つ

さくいん

※**太字**…タイトル掲載種　細字…別名、総称名、文中紹介種など

ア

- アオキ……………… 82
- アオギリ…………… 183
- アオダモ…………… 59
- アオハダ…………… 141
- アオモリトドマツ……… 185
- アカエゾマツ………… 177
- アカガシ………… 97,105
- アカシア類………… 76-77
- アカシデ…………… 147
- アカバナトキワマンサク… 51
- アカマツ…………… 155
- アカメ……………… 156
- アカメガシワ………… 68
- アカメモチ…………… 50
- アカメヤナギ………… 129
- アキニレ…………… 179
- アケビ……………… 125
- アケボノスギ………… 35
- アコウ……………… 94
- アジサイ…………… 75
- アズサ……………… 169
- アセビ……………… 81
- アツシ……………… 179
- アブラチャン………… 113
- アベマキ…………… 138
- アベリア……………… 55
- アメリカザイフリボク…… 71
- アメリカスズカケノキ…… 43
- アメリカヤマボウシ…… 17
- アメリカフウ………… 39
- アラカシ………… 81,104
- アリドオシ………… 101

イ

- イイギリ…………… 69
- イスノキ…………… 139
- イソノキ…………… 115
- イタヤカエデ………… 181
- イタリアポプラ………… 19
- イチイ……………… 54
- イチイガシ………… 104
- イチョウ…………… 35
- イトヒバ……………… 79
- イヌエンジュ………… 25
- イヌコリヤナギ……… 129
- イヌザクラ…………… 111
- イヌザンショウ……… 107

- イヌシデ…………… 146
- イヌツゲ……………… 55
- イヌビワ……………… 93
- イヌブナ…………… 167
- イヌマキ……………… 62
- イブキ……………… 63
- イボタノキ………… 115
- イロハモミジ……… 39,180
- イワガラミ………… 163

ウ

- ウグイスカグラ……… 127
- ウコギ類…………… 161
- ウツギ……………… 121
- ウバメガシ…………… 61
- ウメ………………… 47
- ウメモドキ………… 141
- ウラジロガシ………… 105
- ウラジロノキ………… 165
- ウラジロモミ………… 187
- ウリカエデ………… 183
- ウリハダカエデ……… 182
- ウルシ……………… 144
- ウワミズザクラ……… 111
- ウンナンオウバイ……… 57

エ

- エゴノキ…………… 140
- エゾマツ…………… 177
- エゾヤマザクラ……… 177
- エドヒガン…………… 15
- エノキ……………… 102
- エルム……………… 179
- エレガンティシマ……… 79
- エンジュ……………… 24

オ

- オウゴンシノブヒバ…… 79
- オウゴンヒヨクヒバ…… 79
- オウバイ……………… 57
- オオウラジロノキ…… 107
- オオカメノキ………… 163
- オオシマザクラ……… 15
- オオシラビソ………… 185
- オオデマリ………… 162
- オオナラ…………… 167
- オオバアサガラ……… 165
- オオバベニガシワ…… 53
- オオバヤシャブシ…… 158
- オオムラサキ………… 23

- オオモミジ………… 52,180
- オオヤマザクラ……… 177
- オガタマノキ………… 87
- オトコヨウゾメ……… 119
- オニグルミ………… 170
- オノエヤナギ………… 129
- オヒョウ…………… 179
- オマツ……………… 155
- オリーブ……………… 77
- オンコ……………… 54

カ

- ガーデニア…………… 67
- カイヅカイブキ……… 63
- カエデ類………… 180-181
- カキノキ……………… 92
- ガクアジサイ………… 75
- ガクウツギ………… 121
- カクレミノ…………… 72
- カゴノキ……………… 96
- カザンデマリ………… 74
- カジカエデ………… 181
- カシグルミ………… 171
- ガジュマル…………… 94
- カシ類………… 104-105
- カシワ……………… 49
- カスミザクラ………… 111
- カツラ……………… 26
- カナメモチ…………… 50
- ガマズミ………… 119,139
- カマツカ…………… 141
- カミシバ……………… 86
- カヤ………………… 127
- カラスザンショウ… 21,106
- カラタチバナ………… 101
- カラマツ…………… 184
- カラミザクラ………… 15
- カワヅザクラ………… 15
- カワヤナギ………… 129
- カンザクラ…………… 46
- カンザン……………… 15
- カンジロウ…………… 44
- カンツバキ…………… 44
- カンボク……………… 73

キ

- キイチゴ類…… 126-127,149
- キヅタ……………… 125
- キハダ……………… 135

キバナウツギ … 120	コトリトマラズ … 148	シナサワグルミ … 132,171
キブシ … 112	コナラ … 81,137,152	シナノキ … 27
キャラボク … 54	コニファー類 … 78-79	シナヒイラギ … 89
キョウチクトウ … 65	コノテガシワ … 79	シナレンギョウ … 57
キリ … 69	コハウチワカエデ … 181	シマサルスベリ … 97
キリシマツツジ … 23	コバテイシ … 95	シマトネリコ … 58
キンシバイ … 56	コバノガマズミ … 119	シマナンヨウスギ … 95
ギンネム … 95	コバノナンヨウスギ … 95	シモクレン … 13
キンマサキ … 51	コバノミツバツツジ … 151	シャシャキ … 86
キンメツゲ … 55	コブクザクラ … 41	シャシャンボ … 127
キンモクセイ … 67	コブシ … 12	ジャスミン … 71
ギンモクセイ … 67	ゴマギ … 131	ジャヤナギ … 129
ギンヨウアカシア … 76	コマユミ … 116	シャラノキ … 175
ク	コムラサキ … 114	シャリンバイ … 60
クサイチゴ … 149	コメツガ … 185	ジュウガツザクラ … 41
クサギ … 69,131	ゴヨウマツ … 63	ジューンベリー … 71
クサツゲ … 55	コルククヌギ … 138	ショウジョウノムラ … 52
クズ … 157	コロラドビャクシン … 79	シラカシ … 29,105,153
クスドイゲ … 107	ゴンズイ … 115,133	シラカバ … 169
クスノキ … 30	**サ**	シラカンバ … 169
クチナシ … 67	サイカチ … 107,136	シラキ … 93
クヌギ … 137,153	ザイフリボク … 71	シラビソ … 185
クマシデ … 147	サカキ … 87	シルバープリベット … 77
クマノミズキ … 123	サクラ類 … 14-15,41,110-111	シロザクラ … 111
グミ類 … 85,127	ザクロ … 49	シロダモ … 37,80
クリ … 139,153	サザンカ … 45	シロモジ … 73
クリスマスホーリー … 89	サツキ … 23	シロヤナギ … 129
クルミ類 … 170-171	サトザクラ … 15	シンジュ … 20
クルメツツジ … 23	サネカズラ … 125	ジンチョウゲ … 67
クロガネモチ … 36	サラサウツギ … 121	**ス**
クロキ … 85	サルスベリ … 65,175	スイフヨウ … 65
クロマツ … 63,154	サルトリイバラ … 149	スギ … 109
クロモジ … 117	サワグルミ … 171	スズカケノキ … 43
クワ … 143	サワシバ … 147	スダジイ … 91
ケ	サワフタギ … 141	スドウツゲ … 55
ゲッケイジュ … 131	サワラ … 109	スマラグド … 79
ケヤキ … 18	サンキライ … 149	スモモ … 47
ケヤマウコギ … 161	サンゴジュ … 37,83	**ヤ**
ケヤマハンノキ … 159	サンシュユ … 113	セイヨウカナメモチ … 50
コ	サンショウ … 107	セイヨウハコヤナギ … 19
コウゾ … 143	**シ**	セイヨウヒイラギ … 89
ゴールドクレスト … 78	シイノキ … 90	セッコツボク … 133
コガクウツギ … 121	シキビ … 86	センダン … 103
コクサギ … 130	シキミ … 87	センノキ … 161
コゴメウツギ … 121	シシガシラ … 45	センリョウ … 101
コゴメヤナギ … 129	シダレザクラ … 15	**ソ**
コシアブラ … 161	シダレヤナギ … 19	ソシンロウバイ … 57
コジイ … 91	シデコブシ … 13	ソメイヨシノ … 14
コツクバネウツギ … 121	シデ類 … 147	ソヨゴ … 37

189

タ

ダイオウショウ	155
タイサンボク	83
ダイダイ	49
タイリンキンシバイ	56
タイワンフウ	33
タイワンレンギョウ	95
タカノツメ	157
ダケカンバ	168
タチカンツバキ	44
タチバナモドキ	74
タチヤナギ	129
タブノキ	31,81
タムシバ	13
タラノキ	160
タラノメ	160
タラヨウ	83
ダンコウバイ	73
ダンチオウトウ	15

チ

チシャノキ	93
チドリノキ	181
チャノキ	81
チャンチン	53

ツ

ツガ	185
ツクバネウツギ	121
ツクバネガシ	105
ツゲ	55
ツタ	125
ツタウルシ	145
ツツジ類	22-23,150-151
ツノハシバミ	81
ツバキ	45,139
ツブラジイ	91
ツリバナ	117
ツルアジサイ	163
ツルシキミ	115

テ

テイカカズラ	125
テウチグルミ	171
テマリカンボク	73
デュランタ	95
テングノハウチワ	83

ト

ドイツトウヒ	187
トウカエデ	32
ドウダンツツジ	23
トウネズミモチ	99
トウヒ	187
トキワアケビ	85
トキワサンザシ	74
トキワマンサク	51
ドクウツギ	120
トサミズキ	113
トチノキ	173
トドマツ	177
トネリコ	58
トベラ	61
ドングリ類	153

ナ

ナギ	97
ナツグミ	127
ナツヅタ	125
ナツツバキ	175
ナツハゼ	141
ナツメ	135
ナナカマド	176
ナナミノキ	37
ナラ類	137,152-153,167
ナワシログミ	85
ナンキンハゼ	40
ナンテン	48

ニ

ニオイヒバ	79
ニガイチゴ	126
ニガキ	134
ニシキウツギ	121
ニシキギ	116
ニセアカシア	25
ニッケイ	84
ニッコウヒバ	79
ニレ類	179
ニワウルシ	20
ニワトコ	133

ヌ

ヌルデ	132,139

ネ

ネコヤナギ	129
ネジキ	156
ネズミモチ	99
ネムノキ	133

ノ

ノイバラ	149
ノウゼンカズラ	65
ノグルミ	171
ノバラ	149
ノムラモミジ	52

ハ

ノリウツギ	163

バイカウツギ	120
バイカツツジ	151
ハイノキ	59
ハイマツ	185
ハウチワカエデ	181
ハギ	75
ハクウンボク	165
ハクサンボク	118
バクチノキ	97
ハクモクレン	13
ハコネウツギ	121
ハゴロモジャスミン	71
ハゼノキ	145
バッコヤナギ	129
ハナイカダ	139
ハナシバ	86
ハナズオウ	27
ハナゾノツクバネウツギ	55
ハナノキ	33
ハナノキ（シキミ）	86
ハナミズキ	16
パパイヤ	95
ハマナシ	177
ハマナス	177
ハリエンジュ	25
ハリギリ	107,161
ハリマツリ	95
ハルニレ	178
ハンノキ	159

ヒ

ヒイラギ	89
ヒイラギナンテン	88
ヒイラギモクセイ	89
ヒイラギモチ	89
ヒサカキ	87
ビックリグミ	127
ビナンカズラ	125
ヒノキ	109
ヒペリクム・ヒドコート	56
ヒマラヤシーダー	34
ヒマラヤスギ	34
ヒマラヤトキワサンザシ	74
ヒメウツギ	120
ヒメグルミ	171
ヒメコウゾ	5,143
ヒメコブシ	13
ヒメコマツ	63

ヒメシャラ ………………… 175	マメガキ ………………… 92	ヤ
ヒメヤシャブシ …………… 159	マメヅゲ ………………… 55	ヤイトバナ ……………… 131
ヒメユズリハ ……………… 85	マユミ …………………… 117	ヤシャブシ ……………… 159
ヒャクジツコウ …………… 65	マルバアオダモ ………… 157	ヤチダモ ………………… 177
ビャクシン ………………… 63	マルバウツギ …………… 121	ヤツデ …………………… 83
ヒュウガミズキ …………… 113	マルバシャリンバイ …… 61	ヤナギ類 ………… 19,128-129
ビヨウヤナギ ……………… 57	マルバヤナギ …………… 129	ヤブウツギ ……………… 120
ピラカンサ ………………… 74	マンサク ………………… 113	ヤブコウジ ……………… 101
ヒラドツツジ ……………… 22	マンネンロウ …………… 71	ヤブツバキ ……………… 45
ビワ ……………………… 83	マンリョウ ……………… 100	ヤブデマリ ……………… 162
フ	ミ	ヤブニッケイ …………… 84
フィリフェラオーレア …… 79	ミズキ …………………… 122	ヤマアジサイ …………… 163
フウ ……………………… 33	ミズナラ ………………… 167	ヤマウコギ ……………… 161
フゲンゾウ ………………… 15	ミズメ …………………… 169	ヤマウルシ ………… 145,161
フサアカシア ……………… 77	ミツバアケビ ……… 125,126	ヤマグワ ………………… 142
フサザクラ ……………… 164	ミツバウツギ …………… 120	ヤマザクラ ……………… 110
フサフジウツギ ………… 120	ミツバツツジ …………… 151	ヤマシバカエデ ………… 181
フジ ……………………… 124	ミモザ …………………… 76	ヤマツツジ ……………… 151
フジウツギ ……………… 120	ミヤギノハギ …………… 75	ヤマハギ ………………… 75
ブナ ……………………… 166	ミヤマガマズミ ………… 118	ヤマハゼ ………………… 144
フユザクラ ………………… 41	ミヤマシキミ …………… 115	ヤマハンノキ …………… 159
フユヅタ ………………… 125	ム	ヤマブキ ………………… 117
フヨウ …………………… 65	ムクゲ …………………… 64	ヤマフジ ………………… 124
プラタナス ………………… 42	ムクノキ ………………… 103	ヤマブドウ ………… 27,126
プラム …………………… 47	ムクロジ ………………… 157	ヤマボウシ ……………… 17
プリベット ………………… 77	ムシカリ ………………… 163	ヤマモミジ ……………… 180
ブルーエンジェル ………… 79	ムベ ……………………… 85	ヤマモモ ………………… 28
ブルーヘブン ……………… 79	ムラサキシキブ ………… 114	ユ
ブルーベリー ……………… 70	ムラサキハシドイ ……… 177	ユキヤナギ ……………… 75
ヘ	メ	ユズリハ ………………… 49
ヘクソカズラ …………… 131	メギ ……………………… 148	ユリノキ ………………… 43
ベニバスモモ ……………… 47	メグスリノキ …………… 135	ヨ
ベニバナトキワマンサク … 51	メタセコイア …………… 35	ヨーロッパトウヒ ……… 187
ホ	メヒルギ ………………… 95	ヨグソミネバリ ………… 169
ホオノキ ………………… 172	メマツ …………………… 155	ヨシノヤナギ …………… 129
ボケ ……………………… 75	モ	ラ・リ・レ・ロ
ホソエカエデ …………… 182	モクレン ………………… 13	ライラック ……………… 177
ボダイジュ ………………… 27	モチツツジ ……………… 150	ラカンマキ ……………… 62
ボックスウッド …………… 55	モチノキ ……………… 63,98	ラクウショウ …………… 35
ポプラ …………………… 19	モッコク ………………… 61	リキュウバイ …………… 71
ホルトノキ ………………… 29	モミ ……………………… 187	リュウキュウツツジ …… 22
ホンサカキ ………………… 87	モミジイチゴ …………… 127	リュウキュウマメガキ … 92
ホンツゲ ………………… 55	モミジバスズカケノキ … 42	リョウブ ………………… 174
マ	モミジバフウ …………… 38	レイランドヒノキ ……… 79
マキ ……………………… 62	モミジ類 ………………… 180	レッドロビン …………… 50
マグワ …………………… 143	モモ ……………………… 47	レンギョウ ……………… 57
マサキ …………………… 51	モモタマナ ……………… 95	ロウバイ ………………… 57
マツ類 ……………… 154-155	モリシマアカシア ……… 77	ローズマリー …………… 71
マテバシイ ………… 31,153	モントレーイトスギ …… 78	ローレル ………………… 131

文・写真	**林 将之** はやし まさゆき　Masayuki Hayashi

1976年山口県田布施町生まれ。樹木鑑定サイト「このきなんのき」所長。樹木図鑑作家、編集デザイナー。千葉大学園芸学部卒業。全国の森を歩いて葉のスキャン画像を集めつつ、葉で木を見分ける方法を独学。著書に『葉で見わける樹木』(小学館)、『樹木の葉』(山と溪谷社)、『おもしろ樹木図鑑』(主婦の友社)ほか多数。

樹木鑑定サイト「このきなんのき」
http://www.ne.jp/asahi/blue/woods/
木の写真から木の名前を鑑定するホームページ。サイト内の掲示板には年間約1,500件の鑑定依頼が寄せられ、木の見分け方をめぐって日々熱い談義が繰り広げられる。

参考資料	樹木鑑定サイト「このきなんのき」、『検索入門 樹木①・樹木②・針葉樹・冬の樹木』(保育社)、『日本花名鑑④』(アボック社)、『山溪ハンディ図鑑3・4・5 樹に咲く花』(山と溪谷社)、『木の大百科』(朝倉書店)、『図説 花と樹の大事典』(柏書房)、『わが国の街路樹』(国土技術政策総合研究所)、『大人の園芸 庭木 花木 果樹』(小学館)、『サクラハンドブック』(文一総合出版)、『日本原色虫えい図鑑』(全国農村教育協会)
写真提供	速水 実、林 涼子、河野紀子、松尾 優、坂本佳子
本文デザイン	林 将之
カバーデザイン	吉名 昌 (株式会社ライラック)
企画編集	森 基子 (廣済堂出版)

葉っぱで気になる木がわかる
Q&Aで見分ける350種 樹木鑑定

2011年 6月 1日　第1版第1刷
2021年12月10日　第2版第1刷

著　者：林　将之
発行者：伊藤岳人
発行所：株式会社廣済堂出版
　　　　〒101-0052　東京都千代田区神田小川町2−3−13
　　　　　　　　　　M&Cビル7F
電話　(編集)　03−6703−0964
　　　(販売)　03−6703−0962
FAX　(販売)　03−6703−0963
振替　00180-0-164137
https://www.kosaido-pub.co.jp
印刷・製本　三松堂株式会社

ISBN978-4-331-51543-3 C0640
©2011 Masayuki Hayashi　Printed in Japan
定価はカバーに表示してあります。落丁・乱丁本はお取り替えいたします。
本書の内容の無断転載、複写、転写を禁じます。

ENERGY GREEN BIOMASS
この本はバイオマス発電から生まれた686kWhのグリーン電力を利用して印刷しています。原子力や化石燃料に依存しない再生可能エネルギーを推進します。